U0348607

不内疚也没关系

与不成熟父母设立健康的边界

[美] 琳赛 · C.吉布森 ◎ 著
(Lindsay C. Gibson)
戴思琪 ◎ 译

DISENTANGLING FROME
MOTIONALLY IMMATURE PEOPLE

AVOID EMOTIONAL TRAPS, STAND UP FOR YOUR
SELF, AND TRANSFORM YOUR RELATIONSHIPS AS AN
ADULT CHILD OF EMOTIONALLY IMMATURE PARENTS

图书在版编目（CIP）数据

不内疚也没关系：与不成熟父母设立健康的边界 / (美) 琳赛·C. 吉布森 (Lindsay C. Gibson) 著；戴思琪译. -- 北京：机械工业出版社，2024. 10. -- ISBN 978-7-111-76937-8

Ⅰ. B844.3-49

中国国家版本馆 CIP 数据核字第 2024TF9998 号

机械工业出版社（北京市百万庄大街 22 号　邮政编码 100037）

策划编辑：曹延延　　责任编辑：曹延延

责任校对：高凯月　张慧敏　景　飞　　责任印制：常天培

北京机工印刷厂有限公司印刷

2025 年 1 月第 1 版第 1 次印刷

147mm × 210mm · 9.625 印张 · 1 插页 · 213 千字

标准书号：ISBN 978-7-111-76937-8

定价：69.00 元

电话服务

客服电话：010-88361066

010-88379833

010-68326294

网络服务

机　工　官　网：www.cmpbook.com

机　工　官　博：weibo.com/cmp1952

金　书　网：www.golden-book.com

机工教育服务网：www.cmpedu.com

赞誉

在本书中，琳赛·吉布森深入探讨了当我们陷入关系痛苦的循环时所需了解的关键内容。吉布森帮助我们识别到：我们在与父母或伴侣相处时会产生“治愈幻想”，即我们希望在那些无法与我们建立深层情感联结的人身上获得“难得的亲近感”。吉布森温和的指导可以减轻我们因反复对关系感到绝望而产生的内疚感。

——凯莉·麦克丹尼尔（Kelly McDaniel，LPC，NCC），著有图书《勇敢疗愈》（*Ready to Heal*）和《饥饿的母爱》（*Mother Hunger*）

情感不成熟父母的成年子女所面临的终极困境是，选择忠于自己还是忠于家庭。琳赛·吉布森温柔且富有同理心地解释了情感不成熟行为，解决了这个困境，使情感不成熟父母的成年子女摆脱无益的关系模式并设定边界。本书给出了富有思考性的提示和实用技巧，引导读者重新联结自己的内心认知，在关系中拥有更多满足感。

——劳拉·里根（Laura Reagan，LCSW-C），华盛顿特区都会区综合性创伤治疗师，播客《疗愈聊天》（*Therapy Chat*）主理人，创伤治疗师网络创始人琳赛·吉布森又一次创作了一本精彩且全面的书，帮助读者应对情感不成熟者（父母、其他人，甚至我们自己）。本书提供了清晰的讲解和精心设计的练习，帮助读者理解和思考情感不成熟的多方面的概念，以及进行摆脱、悼念、疗愈的工具和策略。本书像一本手册，非常方便心理治疗师用于来访者治疗。本书充满了实用信息。

——朱迪思·拉斯凯·拉宾诺博士（Judith Ruskay Rabinor, PhD），临床心理学家，写作教练，著有回忆录《穿红靴子的女孩》（*The Girl in the Red Boots*）

在阅读本书的过程中，我时常感到震惊，我们多么频繁地将童年时期的应对策略带入我们的成年生活中，童年时我们要应对父母的忽视、不负责任，无法与之建立情感联结。琳赛·吉布森对此怀有同情和深刻的理解，书中描述了如何识别情感不成熟，并精心设计了练习来促进疗愈过程。这是本非常有力量的书，我会推荐给我所有的朋友！

——金·费尔利（Kim Fairley），著有图书《游向生活》（*Swimming for My Life*）和《射灭灯光》（*Shooting Out the Lights*）

本书和《不成熟的父母》（*Adult Children of Emotionally Immature Parents*）都是我强烈推荐的图书。每一页内容都充满温暖、同情、理解，让读者感受到自己被看见、被理解。本书就像一个宝藏，从封面到封底都写满使用技巧、策略，促进读者将每一章内容代入个人经历思考。我很高兴我的书架上有这本书。

——艾米·马洛-麦考伊（Amy Marlow-MaCoy, MEd, LPC），临床医生，培训师，著有图书《临床指南：针对自恋型父母的成年子女》（*The Clinician's Guide to Treating Adult Children of Narcissists*）和《煤气灯效应》（*The Gaslighting Recovery Workbook*）

感谢心理学家琳赛·吉布森的图书，情感不成熟父母的成年子女终于有机会得到理解和认可。本书是吉布森的畅销书《不成熟的父母》的后续作品，带领读者进入下一个阶段的疗愈之旅，为读者解答了最常见的一些问题。对于与情感不成熟者纠缠的读者来说，本书是必不可少的。

——雅艾尔·尚布伦博士（Yael Schonbrun，PhD），心理学家，布朗大学助理教授，播客《心理学家下班后》(*Psychologists Off the Clock*)联合主理人，著有图书《工作、教养与成功》(*Work*，*Parent*，*Thrive*)

献给我的爱人斯基普。

献给我的来访者和读者，是你们多年来的信任造就了本书。

引言

你在内心深处知道，对自己来说，什么是正确的、健康的，什么不是，即使你无法用语言或概念来解释原因。这个内在的感应系统也会通过情绪信号和身体信号提醒你，有事情不对劲或者你正在遭受伤害。从童年时期开始，这个内在系统就默默用自己的语言（记忆、情绪、症状）记录下你的真实经历。现在你有机会来解读它了。

我惊讶地看到，读者对于情感不成熟父母的成年子女，以及总要应对情感不成熟者的人很快就产生了共鸣。就好像他们已经逐渐意识到正在发生的事情，但还未将这些了解概念化。他们缺少一个理论框架，来整合并最终理解自己的种种关系体验。

本书将为你的内心独白配上声音。在阅读本书的过程中，你将了解自己的内心感受想要传达什么信息，你的经历片段开始呈现有意义的联系。这些感受将不再默默压在你的心头，它们将成为你可以从中获得成长的、有意识的、可理解的经历。你将获得客观的视角和思考的空间。

你也将重新思考自己在童年时期为了避免冲突而习得的自我保护行为，重新评估自己今后希望如何处理情感不成熟者的施压。你可能在童年时期就已经适应了情感不成熟者，但一旦你了解他们行为背后的动机，你就可以调整自己的应对方法，保护自己的情绪。你没有义务与他们纠缠不清，不必继续听从他们的指示，也不必因为自己的改变而感到内疚。你可以决定怎样做对自己最好。

本书是情感不成熟系列的第四本书。本书基于我与来访者在心理咨询过程中频繁出现的问题类型展开，这些来访者一直在与情感不成熟者纠缠，尤其是情感不成熟父母。（本书使用“情感不成熟者”代表所有情感不成熟的人，对于“情感不成熟父母”会单独写出。）请将本书看作一本手册，在本书中查找你最关心的问题的答案。

你可以从本书任意一页开始阅读。浏览一下本书目录，看看哪些内容引起了你的兴趣。通过阅读本书，你将学会建立自信、设定边界，并与身边的情感不成熟者建立更有意义的关系。

希望本书能够对你有所启发，帮助你理解自己。我会尽力用文字描述你可能已经知道但没有表达出来的东西，同时为你提供一些思路，帮助你优化应对生活和人际关系的方法，它们不仅限于在应对情感不成熟者的时候使用，也适用于与所有人的交往。希望你能获得自我认知和洞察方面的转变，这些是正向改变的重要催化剂。我们的共同目标是，帮助你从他人不公平的期望和情感陷阱中解脱出来。你将努力获得自我身份认同，与你那充满活力、有趣的自我重新建立联结。

在这个过程中，我会将情感成熟与情感不成熟进行对比，让你看清它们各自的样子。说到情感成熟，你要知道的是，人的情感成熟度可能高一点儿，可能低一点儿。这是为什么我会说一个人在情感上是“充分”或“足够”成熟的。成熟并非一个终点，而是我们一生都在不断追求和进步的过程。

本书分为五个部分。在第一部分和第二部分，你将了解什么是情感成熟，什么是情感不成熟，情感不成熟者的动机是什么，以及他们如何影响你的生活。第三部分将向你展示后退一步的重要性，帮助你重新定位与情感不成熟者的关系，重新评估你想要在他们身上投入多少精力。在第四部分，你将学习如何改变自我挫败的信念，这些信念是你从那些控制你所思所想、所作所为的人身上内化而来的。最后，在第五部分，我们将探讨解决方案，帮助你应对你的内心冲突，以及你与情感不成熟者之间发生的棘手情况。

除了帮助你应对情感不成熟者及其对你生活的影响，本书每一章还有“自我探索”专栏。这些精心设计的练习将引导你深入探索自我，帮助你变得更加自信，更能听从自己内心的想法，更加明确自己的目标，为你在生活中开辟新的道路。由于本书的版面限制，你可能没有足够的空间来尽情写作，你可以使用一个日记本来充分记录自己的想法。每一章末尾都有一个提示，提醒你向正确的方向前进。

本书并非心理治疗类图书，也绝对不能代替心理治疗。在阅读过程中，请时常留意自己的反应，避免压力过大或触发情绪，必要时务必寻求专业支持。本书的最佳使用方法是，与你的心理治疗师共同使用，作为心理治疗的补充资料。

如果你愿意，情感不成熟者可以成为你生活的一部分，但不应该成为你生活的重心。他们可能觉得自己理应处于中心位置（情感不成熟的特征之一)，但你不必顺从他们的意愿。情感不成熟者可能让你优先满足他人的需求，而牺牲自己的情绪健康。你可以随时决定放弃这种模式，寻找适合自己的生活方式。这并非刻意反对他们，忠实于自己并不意味着对他人不公平。

无论你是情感不成熟父母的成年子女，还是有意帮助这类人的心理治疗师（或者这两种身份你都具备)，本书都能帮助你理解情感不成熟父母的成年子女经历了什么，以及这些经历对他们的影响。你既可以学到实用的技能，又能够掌握深层的策略，这些都能够帮助你或你的来访者满足自己的情感需求，追求自我实现。

我希望你在阅读本书之后，能更深入地欣赏自己的情感天赋和独特性，同时用新的视角更准确地认识自我优势。我希望你意识到，重要的不仅仅是你的基本需求，你的喜好同样重要。你的喜好是你独特个性的基础，值得你尊重和保护。你可以改变方向，不再费力取悦和安抚情感不成熟者，而是找到更适合自己的生活方式。

你准备好调整自己的生活方向了吗？我已经准备好向你分享我所知道的一切了。

目录

DISENTANGLING FROM
EMOTIONALLY IMMATURE PEOPLE

第一部分

情感不成熟的成因

如何识别情感不成熟者

情感不成熟的标志性特征

情感不成熟可以兼容广泛的人格类型。人们会在彼此之间差异很大的同时，都具备情感不成熟的特征。情感不成熟并非一种精神疾病，“正常人”也可能显现出相关特征。已经确诊精神疾病的人往往具有潜在的不成熟性，而并非所有情感不成熟者都符合精神疾病诊断标准。当一个人的压力变大或亲密关系进一步发展时，其情感不成熟特征会表现得尤为明显。

如果你集中注意力了解其基本组成，你会发现，情感不成熟非常容易识别（参见附录 A 对情感不成熟者的特征的总结）。虽然不同人情感不成熟的程度不同，但无论各自的人格类型或功能水平有何差异，以下五个特征是所有情感不成熟者都具备的。

自我中心主义（egocentrism）是情感不成熟者的基本处世方式。他们就像孩子一样，主要从自己的角度看待世界，并迅速将他人卷入自己的期望之中。

这种以自我为中心的状态令情感不成熟者对他人缺乏同理心（limited empathy）。他们很难设身处地为他人着想，也很少试图了解他人的内心体验。他们虽然可能很聪明，社交能力也很强，但在与他人建立联结时，更多在感知对方是否占上风、是否与自己对立。这就解释了，为什么情感不成熟者在社会意义上可能受人崇拜、拥有权势，却无法以足够成熟的方式与他人交往。

情感不成熟者虽然可能相当聪明，但他们常常逃避自我反思（avoid self-reflection）。他们总在为自己辩护，往往自以为是，很少自我怀疑。他们总是盯着自己当下的情绪和欲望，几乎完全不顾可能怎样影响他人甚至自己的未来。如果有人对他们不满，他们非但不会反思自己的行为，还会加强自我防御，更加坚持自己的立场。

在与他人建立亲密关系方面，情感不成熟者会回避情感亲密（pull back from emotional intimacy）。他们很难接受他人发自内心的情感，当然也很难给予。当他们情绪爆发或情绪失控时，他们可能看上去有着浓烈的情感，其实这与情感亲密毫不相干。情感亲密往往出现在两个共享和处理彼此情感信息的人之间，他们想要深入了解彼此。这个过程甚至不需要语言，可以凭借自己的感觉，你会感到另一个人"理解"自己，能以非常真诚的方式与你建立联结。相比之下，对于情感不成熟者来说，当他人（包括他们的孩子）在情感上开放、诚实且试图与他们建立联结时，他们会防御、闪躲、挑衅。（我们完全可以想象，这种反应会对寻求联结的孩子产生多大的负面影响。）

关于如何与世界相处，情感不成熟者遵循情感现实主义（affective realism），以自己的感受来定义现实生活（Barrett and Bar，2009）。他们的心理应对机制并不成熟（G. Vaillant，2000）、过于简单，特别是当他们否认、忽视或歪曲自己不喜欢的现实时，表现得更为明显。他们缺乏客观理性，这意味着，一旦他们被自己的情绪所控制，他人就很难与他们展开理性的交流。

接下来让我们看一看其他特征。一些情感不成熟者是外化的、主动的，另一些则更为内化、被动、依赖他人。然而，无论他们拥有怎样的人格类型，情感不成熟者往往是僵化的、浅薄的，拥有相当表层的人格特征。他们经常挪用陈词滥调来表达自己的想法，缺乏真正的思想。他们在心理上没有很好地整合，使得人格中相互冲突的部分同时存在，而不觉矛盾。他们之所以可以毫不尴尬地说一套做一套，是因为注意不到自己的言行不一。他们常常喜欢断章取义，不会从全局来思考。

在情绪上，他们活在当下，往往一有情绪就爆发，而不顾忌冲动行为引发的长期影响。这种高反应性也意味着，他们很容易被情绪吞噬，所有问题都让他们觉得自己要立即进入紧急状态。

情感不成熟者的思考方式过于简单、非此即彼，常常只理解字面意思。逻辑往往被他们用作机会主义的武器，而不是思想的基本组成部分。他们总是将复杂的话题过度简化，他人很难与他们进行理性交流。

积极而主动的情感不成熟者会压制他人的想法和边界设定。他们非常注重自己的地位和角色，并期望他人保持自己的角色。即使是更为被动而顺从的情感不成熟者，也不会对他人的生活表露多少同情或兴趣。他人的主观体验对他们来说没那么重要，他们期望他人跟着他们的情绪走——如果他们感到快乐或烦恼，他人也应该随之如此。

情感不成熟者常常妄下结论，还很容易感觉自己受到冒犯，这使得他人很难说出自己的想法和问题所在，几乎完全不可能。在交流中，他们很难倾听他人的观点，因为他们就像孩子一样，总是想要站在舞台中央。在与人沟通中，他们更倾向于“广播”自己的观点，而不是“接收”他人的意见。他们对他人的观点不感兴趣，如果有人不按照他们的意愿行事，他们就会感觉自己受到冒犯、不再被爱。

更为主动的情感不成熟者对压力的容忍度往往很低，他们常常感到不耐烦，会强迫他人满足自己的需求。他们希望自己的人际关系围绕着自己的反应性情绪铺开。他们主要通过宣布、控制和提要求来与人交往。不耐烦和自我中心主义让他们把很多事情过分个人化，将一切责任归咎于他人。情感不成熟者也会毫无理智地固执己见，对任何威胁到自己信念或自尊的事物都敏感地过度防御。他们很容易情绪崩溃，让周围的人感到紧张、受到批评、害怕进一步激怒他们。那些被动型情感不成熟者可能没有如此浓烈的情感，但如果我们暂时忘却他们相对平静的外表，细细观察他们的计划和动机，我们仍会发现，他们的自我中心主义坚不可摧。

在亲密关系中，情感不成熟者期望他人能稳定他们的情绪、维系他们的自尊。维持关系和睦的重任往往落在对方身上，因为情感不成熟者不会做出维护关系稳定所需的情绪劳动（Fraad，2008）。他们对他人的感受并不敏感，他们认为爱意味着自己得到全方位的认可，自己想做什么就做什么。就像孩子一样，情感不成熟者通过折磨他人获得权力，直到对方屈服为止。集中注意力在情感不成熟者身上一会儿，你就会感到筋疲力尽，能量被抽空。

即使是较为平和的情感不成熟者也会本能地进行情感操控，通过制造内疚感、恐惧感、羞耻感、自我怀疑来控制你。除非你让步，否则他们会将你视为坏人或不可信任的人。要是你做了他们不喜欢的事，他们会跟他人谈论，而不是直接和你说清楚。

情感不成熟者无论想要得到的是你的注意、你的自我牺牲，还是默默期望得到你的支持，都有一点可以肯定——他们很难接收“爱”。当你对他们表达关爱时，他们会表现成无法忍受你的爱。由于他们的**承接能力（receptive capacity）**很差（L. M. Vaillant，1997），因此他们有时候就像一个不愿让父母安抚自己的孩子。你越试图接近他们，他们就越退缩。这是因为情感亲密威胁了他们内心的秩序感，他们感觉自己受到了干扰。他们对情感亲密的恐惧通常表现为易怒、好斗、挑衅，避免自己表露脆弱的一面或与人亲密的需求。

情感不成熟者会将责任归咎于他人，因此你可能不知不觉地接受令人困惑的曲解行为，并为一些并非自己过错的事情承担责任。因此，保持健康的疏离感以及客观地看待他们的行为至关重要。

接下来让我们看一看以下策略，它们可以帮助你识别自己生活中的情感不成熟者。

策略

在你身边难相处的人身上，你是否发现了上述情感不成熟的特征？如果你愿意，你可以重读上文内容，圈出相符的特征。在内化或被动型情感不成熟者身上，一些情感不成熟的特征不太明显，因此在判断某人是否情感不成熟时，你可能需要更多关注他们的潜在动机和对世界的看法，而不是他们做出的明显行为。

下一步是考虑某人的情感不成熟是否影响了你的自我认知和生活选择。情感不成熟会在人们之间产生相互影响，尤其在令你的自我价值受到威胁的关系中。我们稍后将看到，情感不成熟者保护自己的方式是牺牲他人。

自我探索

想出一个你觉得可能是情感不成熟者的人。这个人的情感不成熟让你产生了怎样的感受？比如，你是否感到他对你不忠诚或不公平，还是感到一种解脱？将你的感受写下来，此后你就有了可供参照的标准。

这个人的情感不成熟如何影响你的自信和被爱的感觉？情感不成熟的哪些特征是你最难应对的？

◌ ◌ 提示 ◌ ◌

情感不成熟者常常看起来相当自信，他们的固执态度可能表现为力量感、热情活力、道德正义。他们坚持认为自己是对的，这让你感到恐惧，从而使你允许他们主导你。在许多互动中，当他们感觉受到威胁、发起防御时，你可能下意识地陷入自我怀疑。理解这些动力可以让你不再受其影响，你对它们的了解会成为你的力量。当你必须应对想要控制你的难相处的人时，觉察到对方的情感不成熟可以让你保持清醒和自我掌控。

2

父母已经是大人了，为何仍然不成熟

什么是情感不成熟

父母是情感不成熟者，塔尼娅很难接受这个说法。我温和地向她说出这个观点，只见她表情骤变，好像一道雷马上要击中我们所在的咨询室。她一脸不可思议地看着我说："他们怎么可能不成熟呢？他们经营自己的事业，让我们都能上大学。我能感觉到他们很爱我，在我生病的时候细心照顾我。他们是我见过最有责任感的人了！"

我之所以提出父母情感不成熟这个观点，是因为我感到，塔尼娅如果不仔细想想这件事就再难找到自己前来求助的根本原因。塔尼娅对此心怀疑虑，但还是认真听了我的分析——她的父母为什么情感不成熟。她还需要很长时间才能做好准备，探索父母的情感不成熟，以及自己因此产生的种种痛苦。我不想给塔尼娅太大压力，因为我理解这种感受，父母比自己不成熟，这听上去太离谱了。塔尼娅和我要先一起发现问题，再一起解决问题。

一些来访者与塔尼娅不同，他们感觉松了一口气，父母的行为终于有了合理解释。每个人都不同，而如果父母的情感不成熟严重影响了一个人的生活，他就必须正视这个问题。

“情感不成熟父母”（emotionally immature parents）这个词听起来矛盾重重。你在童年时期奉为权威的人怎么可能不成熟呢？你从父母身上了解大人是什么样子的，生活在完全由父母构建和主导的世界里，你以父母为榜样，模仿父母的表情和动作。很长一段时间，你都觉得，父母什么都知道，而且他们有权评判你的人生。你犯错时，父母会惩罚你；你表现好一点了，父母会夸奖你。父母的生活模式一度成为你向往的生活样貌。你知道他们爱你，因为他们一直在照顾你。而你无从知晓的是，爱不仅仅体现在对身体的照顾。

大家难以理解父母情感不成熟这件事，是因为情感不成熟与成年人的其他能力可以同时存在。情感不成熟父母在一些方面发展得不够好，可他们的另外一些能力可能非常优秀，比如智力、社交能力、职业技能，等等。情感不成熟父母可能是知识渊博的大学教授、科研学者，可能是非常成功的商人，可能擅长社交、受人尊敬和喜爱。但是，父母已经是大人了，并不意味着他们已经成熟。在情感上，你完全可能比你的父母更成熟。

在供养家庭、爱护孩子的身体方面，情感不成熟父母往往非常无私、负责。他们交往的人往往也持相似观念，赞同他们的价值观和行为。他们与所在群体的价值观相符，得到同伴和邻居的欣赏，因此他们的成熟度从未受到质疑。塔尼娅的父母就是这样，他们在社区中名声很好，大家都觉得他们注重家庭生活，他们还会时常参加当地教会活动，为其捐款。

情感不成熟父母虽然受到了群体的高度认可，却似乎很难与你建立联结，没能让你感到彼此亲近和被理解。也许只有在你寻求情感支持和共情时，他们的情感不成熟才显现。拥有情感不成熟父母的你在成长过程中可能感到孤独，没人看见你的真实自我，总是感觉自己不够好，因此感到沮丧。

相比之下，情感成熟的父母已经对自己有足够的了解，也明白孩子、他人有着自己的思想和情感。他们认为，人是一个动态变化着的完整个体。情感成熟的父母清楚地了解自己的价值观和逻辑，但也尊重不同的观点；他们顾及他人心情，同时会保护自己；他们反思自己的行为，对自己的错误负责。总的来说，情感成熟者对他人有同理心，能够自我反思，喜欢与他人建立深度的情感联结，努力客观地看待自己和他人。（有关情感不成熟与情感成熟的对比，请见附录 B。）

接下来让我们看一看，你会如何应对自己对情感不成熟父母的感受。

策略

你的不同自我层面在父母是否情感不成熟这个问题上可能会产生冲突。一个自我赞同这个观点，另一个自我坚决否认它。你的任务是平衡自己的感受，明确自己的立场。我们的目标不是批评或远离父母，而是理解父母如何影响你，以及他们的行为因何而起。我们来试一试运用内在家庭系统疗法（Internal Family Systems therapy，IFS）中的一项技术，与冲突的不同自我层面进行对话。

自我探索

问一问忠于父母、保护父母的自我：如果你把他们看作情感不成熟者，你害怕发生什么？

问一问因父母而感到难过和困惑的自我、对父母的行为感到失望和愤怒的自我：是否有任何理由认为他们情感不成熟。

如果这两个自我都同意，你可以像以前一样敬爱和尊重父母，那么问一问它们：是否愿意继续前行，更深入了解自己的感受。

提示

你可能逐渐发现，对父母的保护心理在阻止你了解自己成长的真相。如果不承认过去对你产生了深远的影响，你可能只能反应性地生活，而不是创造性地生活。剖析自己的成长经历可以帮助你与其他成年人，以及身边的孩子建立更真诚的人际关系。

3

父母双方都情感不成熟吗

情感不成熟父母的不同类型

肖恩的父母一位像“白天”，一位像“黑夜”。肖恩形容母亲吉娜“风风火火”，而父亲列文“稳如磐石”。当意外情况突然发生时，母亲会一下子不知所措、情绪失控，父亲则泰然自若，冷静地处理一切。每次吉娜冲孩子发火和大喊大叫之后，列文都会走进孩子房间，向他们解释，母亲最近压力很大，需要他们的包容与理解。他会说：“妈妈不是故意的。”肖恩对父亲的印象总是温暖而亲切的，他也很佩服父亲，为了供养一家人，父亲每天早早起床，去做自己不喜欢的工作。然而，列文常常喝酒，虽然他会时不时地安抚孩子，却从未在吉娜失控时保护好他们。

吉娜显然是一位情感不成熟的母亲，而列文就很难分辨了。肖恩没有觉得父亲情感不成熟，因为他对孩子怀有同理心，不像吉娜那样刻薄。然而，列文并没有保护好孩子，他总会等到吉娜情绪好转时才关心孩子。列文没有吉娜那样的情绪波动，可他有自己的方式——每天晚上用酒精麻醉自己。列文的表现属于被动型情感不成熟，而吉娜的不成熟行为是主动且强势的。

情感不成熟会出现在不同类型的人身上。许多患有人格障碍和精神疾病的人都具有情感不成熟的特征，从未临床确诊心理疾病的人也可能如此。情感不成熟是一种独特的状态，一种特别的存在方式，对情感不成熟者和周围人都产生特殊的影响。

情感不成熟父母有四种类型：情绪型（emotional）、驱动型（driven）、拒绝型（rejecting）、被动型（passive）。前三种类型更主动控制环境，而被动型通常脾气更好、回避冲突、隐藏自己以自我为中心的一面。情感不成熟父母可能兼具几种类型的特征，而通常是一种类型占主导。

情绪型 吉娜就具有情绪型情感不成熟父母的特征。她的抗压能力较弱，一旦自我控制能力受到挑战就轻易爆发。吉娜常常自我辩解：把大声吼叫发泄情绪说成诚实表达自己；说责骂孩子并不意味着什么，自己只是突然“失控”了，因为孩子整天给自己“找麻烦”。她还指责列文对孩子太温和，但当他事后处理这些问题时，她似乎感到非常欣慰。与其他类型相比，情绪型情感不成熟父母确诊心理疾病的可能性更高，比如人格障碍、创伤后应激障碍（PTSD）、抑郁症、焦虑症，等等。这种父母的孩子可能畏惧父母或担心父母，通过表现得特别乖、变得沉默寡言来应对父母时不时的暴躁行为，有些孩子会完全脱离原生家庭独自生活。

驱动型 这种类型的情感不成熟父母可能看起来很成熟、有能力，因为他们太忙、太成功了。他们要时刻保持活跃、完成目标、受人关注。他们通常是完美主义者，喜欢主导并改进一切，包括孩子在内。如果你是驱动型父母的孩子，你也许拥有优越的生活条件、大量资源和机会，却同时感觉自己总被逼着做不喜欢的事，或者父母总嫌你不够努力。你想要得到父母的关注，却总觉得自己对他们来说是个麻烦，好像你只要提出需求就是在打扰父母的辛勤拼搏。

驱动型父母可以安排的活动太多，孩子既感到自己被过度安排，又觉得自己受到了忽视。这种父母缺乏让孩子敞开心扉的共情能力和情感联结。他们很难放慢脚步，在孩子难过时真心相伴；他们避免情感亲密，直接进入问题解决模式。

拒绝型 拒绝型情感不成熟父母对孩子没什么兴趣，更愿意自己一个人待着。如果你的父母属于这种类型，你可能感受到冷漠与疏离，感觉自己不受欢迎、不被宠爱。这些父母会供养家庭，满足孩子的物质需求，但把亲子交流和互动都交由他人处理，或者根本想不到这些事情。他们似乎不明白这些也是他们所要承担的责任。他们中的一些人举止粗鲁、沉默寡言，另一些人则非常高傲、充满优越感，他们都习惯与人保持距离，不喜欢被人打扰。即使表达不多，拒绝型也是情感不成熟父母的一种主要类型，他们用行动明确地传达负面情绪，主动排斥他人。

被动型 像列文一样的被动型父母很少会被认为情感不成熟。他们似乎天性善良，喜欢孩子，享受和孩子在一起的时光。相比其他类型，他们更温柔，没那么凶，喜欢和孩子一起玩。他们通常是孩子更喜欢的那位父母，孩子感觉和他们最亲近。他们避免冲突，往往会屈服于更强势的一方。

尽管他们更好相处，但被动型父母不一定会注意到孩子受到了怎样的情感影响。比如，他们能够传递浅层的同情，却无法真正理解和共情孩子内心深处的感受。他们可能看起来更开放、更温暖，可一旦涉及真正的情感联结，他们仍会以自我为中心。他们的情感不成熟体现在做决策时以自我为中心，对自己的行为给孩子带来的负面影响毫无察觉。比如，一旦受够了一段糟糕的关系，他们会毫无顾虑地离开，不考虑孩子的感受。

相比其他类型，被动型情感不成熟父母看似更靠谱、更有爱心、更有趣，但在保护孩子这一点上，他们的不作为令孩子受到伤害。消极的一面在于，他们不愿为孩子挡住攻击性强、控制欲强、神经质型的人的伤害，比如对伴侣严厉惩罚甚至虐待孩子的行为视而不见。被动型父母常常为伴侣的行为开脱，相信伴侣不是故意的。这也教会孩子替他人找借口，包庇他人的失控行为甚至虐待行为。

如果你有被动型情感不成熟的父母，你可能把主动型情感不成熟的那一位认定为问题源头，很久以后才意识到，被动型的那一位令你多么失望。通常，情感不成熟者的成年子女之所以对被动型父母的关注深表感激，就是因为没能觉察到自己并没有得到充分的保护。子女对被动型父母的愤怒会较迟出现，但探究这种愤怒是至关重要的。

你可能想，相比其他类型，更友善、没那么凶的被动型父母是否更为成熟。家庭系统治疗师默里·鲍文（Murray Bowen）认为，人们通常会与情感成熟度或“差异化程度”相似的伴侣结婚。即使一方看起来问题更多，另一方的情感成熟度可能也差不多。不过，环境、情境、文化等因素也可能使情感成熟度不相似的人成为伴侣、生儿育女。然而，由于情感成熟度的差异，他们的伴侣关系很难长久。如鲍文所言，情感成熟度即使仅差一点儿，两人也会互不适应。

接下来让我们看一看，给父母（或他人）进行情感成熟度分类，将如何使你拥有更多主导权。

策略

“父母”这种称谓具有很大的文化影响力，思考并定义父母的行为类型，可以帮助你抽离“父母是无可指摘的权威人物”这一视角。当你能够完成这种困难的评估时，你便能更现实地看待他们，他们对你的影响力也会减弱。能够进行分类，你就不会那么容易被吓倒。

自我探索

你的父母分别属于哪一种 / 多种类型的情感不成熟父母？

关于父母所属的情感不成熟的特定类型对你成长的影响，你会对父母分别说些什么？

◌ ◌ 提示 ◌ ◌

写下这些回答可以帮助我们清晰思考。给行为进行分类可以让你的思维活跃起来，并叫停你的情绪反应。如果你可以观察并定义他们的行为，你内化或模仿该行为的可能性就会降低。一个更准确的标签使你质疑过去看似正常的事，审视其对自己的影响。

为什么会有这样的表现

识别不成熟的应对方式和防御机制

迈赫梅特的母亲艾斯玛属于情绪型情感不成熟父母。迈赫梅特一直感觉艾斯玛不稳定的心情和情感依赖令自己疲惫不堪。迈赫梅特的父亲在他年幼时离开了，母亲常向他抱怨父亲的残忍离弃和不负责任。迈赫梅特曾努力告诉母亲这种抱怨让自己很难过，但母亲不予理睬。他不想听到父亲受批评，但又觉得需要陪在母亲身边，因为她总是那么不开心。迈赫梅特结婚后，他和妻子与母亲住在同一栋楼，离得很近。

然而，艾斯玛不但不感激儿子离得近，反而抱怨儿子很少陪她。她希望自己融入这对小夫妻的生活，期望他们总是主动邀请她。迈赫梅特后来对母亲的参与设定了边界，母亲便指责他抛弃了她，叫他不用再管她，还说是妻子让他变成这样的。有些日子她故意不回儿子的消息，逼着儿子亲自上门看望。迈赫梅特做什么都不对，怎么做都不够。可他向来孝顺，母亲为何会有这样的表现？

客观来说，事情不应该这样发展。艾斯玛令迈赫梅特为做自己——一个正常的成年人——感到内疚。儿子对她一直很孝顺，她偏将他也归入坏人行列。她的敌意非常明显，却以受害者的身份自居，让人觉得反驳她是件残忍的事。儿子一提出反驳，她就说自己是个好妈妈，儿子应该孝顺自己。

艾斯玛的表现突显了许多情感不成熟者拥有强大的心理防御机制，与他人的互动围绕着保持权力平衡而展开。他们的心理防御，或者说应对机制，在他们第一次感到焦虑或不安时就自动跳出来保护他们（S. Freud，1894；Schwartz，1995，2022）。这种防御机制是自动的、无意识的、非自愿的。任何让他们焦虑的事都可能激活他们过度反应的防御机制，就像迈赫梅特母亲表现的那样。

情感不成熟者的应对机制仍是不成熟的，因为他们没有审视不断变化的环境状况并做出相应调整，而是根据自己的感受否定、忽视、歪曲现实（G.Vaillant 1977，2000）。像孩子一样，情感不成熟者认为自己的观点无论如何都是对的。此外，父母之所以做出情感不成熟行为，可能是因为他们的原生家庭认可这些行为。像艾斯玛一样，许多情感不成熟者按照自己父母的模样成长（Bandura，1971），很难想到这会如何影响自己的孩子。

情感不成熟者以融合的、不分明的方式看待人际关系（Bowen，1978）。对他们来说，家庭和关系不是独立个体之间的联结，而是共享自我和身份的混合体。像艾斯玛这样的情感不成熟者，无法把家人当成和自己不同的人/独立的个体看待。他们期望他人知道自己需要什么并给予他们，毫不考虑他人是否要牺牲自我。如果家人展现出独立的自我，那么只能说明他不爱我，否则为什么要跟我拉开距离、留出空间呢？情感不成熟者根本感觉不到心理独立的必要，对他们来说，心理融合就是亲密关系应有的样子，对孩子来说这很正常，但对成年人就并非如此了。迈赫梅特希望能与母亲建立真实的关系，不再害怕对母亲说“不”。

情感不成熟者已经是成年人了，他们能说会道，似乎思想成熟，但事实并非如此。情感不成熟者令人沮丧的是，他们的语言能力让你以为他们可以理解你，但他们的情感不成熟令他们像四岁的孩子一样反应过度、非常固执。他们可以表达一定的看法，但一旦遇到自己期望的事就会固执己见。

投射（projection）是情感不成熟者常用的心理防御机制。他们无法接受自己有缺点，于是将责任推到他人身上（A.Freud，1936）。艾斯玛将自己多年不关心儿子的残忍行为归罪于儿子。她指责儿子冷酷无情，而事实是，儿子不愿背负父母关系里的痛苦，艾斯玛对此无动于衷。

艾斯玛还将自我中心主义投射到迈赫梅特身上，认为他也很自私。但事实是，迈赫梅特永远无法取悦母亲，她本身的猜忌让她无法体会自己被人照料的感觉，也无法享受爱的滋养。谁也无法让她完全放下戒备，她总在寻找潜在的危险。也许是童年创伤让她变得如此，这对迈赫梅特来说并不轻松。无论他多么努力，她都只关注自己的怨恨和自尊受损。迈赫梅特最终不再为过自己的人生而感到内疚，也不再认同艾斯玛的说法——他的独立是一种不爱母亲的表现。用他的话说，“你可以保持自己的个性，同时成为一个有爱心的人”。

情感不成熟者一旦陷入防御心态便难以沟通。在他们看来，自己是受害者，你才是坏人。他们不会听取理性的观点，也无法体察你的立场。你可能对他们死守不合理的立场感到惊讶。对情感不成熟者来说，放下防御心态，对自己的行为负责是不可能的。他们觉得承认错误就等于向敌人暴露自己的弱点。

接下来让我们看一看，如何在保持自主且自信的同时，摆脱情感不成熟者的防御机制。

策略

正确的做法是看穿情感不成熟者的防御机制，以及事实歪曲、投射的应对方式。这样做可以减少你的困惑和内疚。留意他人是如何利用内疚、羞耻、恐惧、自我怀疑等情绪来胁迫你的。如果理由不通，不要承担责任。坚持自己对事实的判断，不要被牵动着偏离现实。

不要忘了，情感不成熟者会否认、忽视、歪曲事实。你无法说服他们放弃自己的防御立场。你越是想要他们理性一点，你就越会感到挫败。那么你可以做些什么呢？尝试接受，他人有权以自己的方式看待问题，而自己无须认同他们对事实的歪曲。你只需决定自己下一步采取什么行动，不必强求达成共识。默默给对方的防御行为贴好标签，抵制与之争论的冲动。之后，基于自己的最大化利益做出决策，告知对方你的决定，如有必要，重复告知。你也是一个成年人，你无须得到他人的认可或批准。

自我探索

能预见心理防御机制就能打破循环。以下哪些情感不成熟的防御方式使你无法坚定自我？（可以多选）

☐ 他们暗示你刻薄且自私，因为你没按他们的意愿行事。

☐ 他们暗示你有义务优先考虑他们的需求。

☐ 他们公然否认自己做过的事/一些已经发生的事实。

☐ 他们表现得因你的对抗而感到受伤。

☐ 他们认为你的担忧是可笑的或无关紧要的。

☐ 他们说你在故意找麻烦。

☐ 他们坚称一些显然不真实的事情是真的。

弄清他们常用的伎俩，下次他们运用时你就能够做好准备。

在日记里给情感不成熟者写一封永不寄出的信，告诉他们，将他们的不快怪罪给你令你有何感受。

提示

情感不成熟者的防御机制可能使你质疑现实。我们大多不明白，为何有人如此歪曲事实。也许原因同孩子说谎一样，即便知道会被揭穿，也能在当下觉得好过些。这给他们带来了一瞬的满足，让他们感到自己的行为是合理的。他们的动机完全出于在当下逃避焦虑，不考虑未来有何后果。如果你理解了这件事，一切就说得通了。在内心深处，你知道什么是现实，这才是最重要的。

他们的反复无常令我目瞪口呆

情感不成熟者为何如此极端、反复无常

吉姆实在无法忍受父亲丹的欺凌行为。他告诉父亲，除非他们能够真诚地聊一聊多年来丹是如何伤害和贬低他的，否则他不会再来看望父亲。丹坚称自己不知道吉姆在说什么，自己一直以吉姆为傲，别无他想。然而，他还是表示愿意配合吉姆，为修复关系做出努力。不过，当吉姆提出打电话聊一聊时，父亲却坚持要吉姆来看望他，当面交流。吉姆告诉他，如果不先打电话聊一聊，就不会去看望他。丹大发雷霆，好像这完全出乎意料，丹跟吉姆说自己一直是个好父亲，不想听到这么多无中生有的废话。吉姆目瞪口呆，瞬间开始怀疑自己是否神志清醒：他不是已经同意了要聊一聊吗？他不是说要尽可能修复关系吗？

问题不仅在于丹改变了主意，更在于他将两人之前的对话编造成了自己的版本，并不断强调吉姆所说的并非事实。

一旦涉及情绪，事实对情感不成熟者来说便不再成为判断标准。丹的反复无常显示了他毫不在意自己的言行不一，这在情感不成熟者中很常见。这样的人并非有多重人格，但他们的自我并不协调；他们的个性整合不足，会做出自相矛盾的行为；他们只重视当下自己感兴趣的部分，而忽略全局。因此，他们会告诉你一件事，之后又对这件事有完全不同的说法。

尽管情感不成熟者反复无常，但在某个当下他们似乎非常真诚。正是这个原因让他们后来翻脸时所说的话无比“可信”。但你与之建立关系的那一面和日后要应对的一面可能非常不同。可以想象，他们说话不算话的能力惊人。

相比之下，情感成熟者会在很长的时间维度上保持自我感知的连续一致。他们会像串珠子一样将各种经历串联成记忆。他们的自我感知就像串联这些经历的线，新的经历被不断添加并被纳入整条人生故事线。情感成熟者也会保持长期连续一致的自我意识，因此他们很难说一套做一套。结果就是，他们的个性会高度整合、一致。

然而，情感不成熟者的记忆就像散落的珠子，它们滚来滚去，互无联系。每段重要经历对他们而言都是独立而分离的情绪记忆，有些是好的，有些是坏的（Kernberg，1975），他们也缺乏在时间上彼此相连的意识。这就解释了他们为何做出种种反复无常的行为。他们的过去与现在没有关联，因此他们感觉不到问题的存在，也不理解为什么他人感到不满。他们的内在并无冲突，因为情绪记忆整合不足，不会对不一致感到不适。

情感不成熟者可能在某一时刻亲切有趣，转瞬之间就大发雷霆。由于他们只停留在当下，因此无法识别自己行为之间的矛盾。在他们看来，自己当前的情绪完全正当，而且与过去或将来没有关系。要知道，对情感不成熟者来说，情绪就是现实，因此现实就像他们的自我感知一样，随着每一次情绪变化而流动变幻。情感不成熟者不具备自我感知的连贯性和自我反思能力，因此他们不会产生认知失调（cognitive dissonance）（Festinger，1957），即当你同时拥有两种相互矛盾的信念时的那种不适感。许多情感不成熟者不觉得“说一套做一套”有问题，只要没人戳破。

如果你有着整合的自我、一致的自我感知和个人经验，那么你就不会轻易违背诺言、公然说谎、推卸责任、逃避问题。情感成熟者的行为和价值观会保持一致，不会为眼前的利益背叛自己或他人。而对情感不成熟者来说，他们缺乏自我的整合性，而且他们不会为不一致感到困扰。他们的最高利益取决于当下，失去了经受事实或价值检验的底线。一个人如果更看重自己的情绪而不是事实，就无法保持自我感知的真实性和一致性。

如果你是一个内化型的、情感不成熟父母的成年子女，你可能具备足够的内在整合力。这是因为内化者从小就试图理解和整合自己的经验，使之相互契合（参见第 11 章）。如果有人言行不一，你会感到非常尴尬，感觉像在背离自我。因此，当情感不成熟者轻描淡写地否认自己当初的说法或行为，甚至暗示仅仅提到这件事的你是有问题的，你会感觉非常恼火。

由于情感不成熟者受自己当下的情绪支配，因此他们忽视长期影响和因果关系。他们当然对时间有概念，大脑让每个人都能理解时间点、日程安排、最后期限，但他们缺乏同理心和情感想象力，无法预见自己的行为对他人的长远影响。

许多受情感不成熟父母影响的子女试图让父母明白，父母的反复无常会让子女有什么感受。但这实际上是在要求他们展现出本身就不具备的同理心和共情能力。情感不成熟者就像孩子一样无法考虑自己的行为对他人的影响，未来的后果对他们来说没有实感。这也解释了他们为什么没有耐心、很难延迟满足、不受控制地为了自己的利益而说谎。而作为内化者的你，你想象中的未来可能和当下一样真实，因此你更有耐心。当你考虑明天感觉如何时，你的想象力会给未来增添实感。你可以体会因果关系的内在时间线，而情感不成熟者无法做到。

情感不成熟者缺乏情感和自我的连续性，因此不明白上周或去年发生的事情为何还让你放不下。他们已经转而关注另一颗珠子了，无法理解和共情你的感受，觉得你在“沉溺于”过去——为什么你不能看出，过去是过去，现在是现在呢？他们希望立即得到谅解，要是自己的道歉没有让一切恢复正常，他们就感觉生气和受到冒犯。他们并不想改进或提升自己，只想你不再执着。由于没有自我连续性，他们很难理解他人为什么还对之前的事生气，甚至生气很久。

可以看出，情感不成熟者缺乏心理整合能力，这会在未来给他们带来困扰。他们会经常面临自己没有预料到的后果。如果一个人长期与自己的内心感受分离、割裂，长远来看总会遇到意外。情感不成熟者常常会感到焦虑和痛苦，他们认为是自己运气不好、天意如此、是他人的原因。然而真正的问题在于，他们对事情缺乏足够的预判。

接下来让我们想一想，如何应对他们的这种反复无常。

策略

如果你不再因他们突然否认或转变立场而惊讶，而是预期他们会做出自相矛盾的行为，会怎么样？把他们看作脸上沾满巧克力却否认自己偷吃了蛋糕的三岁孩子。如果你忽略他们的自我合理化，平静地重新表达你的要求或边界，会怎么样？不让他们轻易地逃避责任，也不让他们给你带来困扰。提醒自己这就是他们的行为模式，不再试图改变他们的思维方式，而是根据他们的行为来决定日后的信任程度。你觉得这种应对方式怎么样？

自我探索

回想一次关于情感不成熟者言行反复无常的经历，当时你有怎样的感受和反应？

现在想象一下，自己完全了解他们有这种表现的原因。请给情感不成熟者写一封永不寄出的信，表达自己已经明白他们为什么会这样。

◌ ◌ 提示 ◌ ◌

如果要和情感不成熟者交往，最好的方式是让自己变得足够成熟，能识别并定义他们的不一致行为，而避免撞“南墙”。当你学会如何预测和规避他们反复无常的行为时，你就能够免受他们自相矛盾的状态的影响。

为什么一切都要围着他们转

情感不成熟者如何解读世界

劳拉常常处于情绪过载的状态。尽管她小心谨慎地履行着母亲的职责，但她感觉自己随时会陷入恐慌。她两个调皮的儿子经常受伤、生病，这也让她害怕。劳拉把一切都安排得很好，她的应变能力非常强，但在内心深处，她感觉自己像一个被遗弃的七岁孩子，她不得不照顾更小的孩子，家中没有大人。她总能找到解决问题的方法，但她对自己的决策从来没有信心。

尽管劳拉的问题解决能力很强，但她总是焦虑不安，这并不奇怪。劳拉的母亲性情暴躁，沉浸在自己的童年创伤中。母亲的情绪总是阴晴不定，因为任何事情都能唤起她童年的痛苦记忆。母亲常常指责劳拉惹她生气，就像姨妈以前那样。母亲如果对家庭经济状况感到担忧，就会咒骂劳拉的父亲像祖父一样懒惰，把全家弄得一团糟。一切都在重演，就好像全家在合谋重现她悲惨的童年经历。

劳拉去问母亲问题时，母亲会指责她想让自己为难。劳拉谈论情感问题，母亲就抢着说自己的故事。很明显，劳拉的母亲认为自己是全家最重要的人。正如劳拉所说的："为什么一切都要围着她转？"

在缺乏母亲的同情与慰藉的成长环境下，劳拉遇到问题时自然觉得力不从心。劳拉感觉自己必须做好所有事情，她仔细审视自己的反应，反而更加焦虑了。如今作为母亲，她感觉重任都在自己一个人身上，感到压力很大。这映射了她在一个只关心自己的母亲身边成长的经历，母亲看不到自己的女儿也需要帮助。

劳拉的母亲像所有情感不成熟者一样，通过自己的情绪来解读这个世界。和孩子一样，情感不成熟者在心理上不够成熟，没法理解他人的体验，也无法共情他人。他们停留在只关注自我体验的成长阶段。

劳拉母亲的行为会产生极其有害的影响。其他情感不成熟父母可能以更和善的方式，将话题引回自己身上（"这让我想起……"），但他们以自我为中心的本质是一样的。我们之所以会关注他人，是因为有人关注过我们。当家人好奇我们的内心体验时，我们就学会了怎样关心他人。我们知道了，对他人展现好奇是很重要的，也学会了如何展开对话。

情感不成熟者可能没有这种机会。在他们的成长过程中，可能少有成年人关注其内心体验，来自一个孩子的感受和需求可能都要让位于全家的生存或经济问题，或者他们在一个崇尚权威、压抑个性的文化背景中长大。这些孩子从未学会以关注他人的方式社交。成年对它们来说，意味着可以要求他人将焦点放在自己身上。这样的孩子认为成长就是可以让一切都围着自己转。

有些以自我为中心的情感不成熟者的问题可能恰好相反，他们在家中可能拥有特权。父母宠溺他们，导致他们未能及时收敛其自大行为，父母也没有机会教导他们多多关心他人。这种溺爱看似是无条件的爱，实际上却将孩子牢牢绑在父母身边，剥夺了孩子发展同理心的机会。以自我为中心的父母，如果没有教导孩子如何关心他人，就会将自己的独断自恋灌输给孩子。孩子的自我随之膨胀，与父母的特权感融为一体，到达不健康的程度。这些情感不成熟者长大后会以为，所有关注都应该继续集中在自己身上，而他人的感受和需求不值一提，只有满足自己的需求才是最重要的。

情感不成熟者是否曾经因为只顾自己，而打断你的自我表达？接下来让我们看一看，该如何更好地应对这种情况？

策略

如果你对自己的基本权利没有合理的认识，那么你可能总得围着情感不成熟者转。改变这种动态的第一步，就是坚守自己的基本权利（详见附录D 情感不成熟父母的成年子女的权利宣言）：

- 我有权被视为和你一样重要
- 我有权表达自己真正的喜好
- 我有权远离任何让我不悦、内耗的人

如果将这些权利内化为自己的思维，你就很容易将以他们为中心的谈话引导向你更想讨论的话题，或者礼貌地结束谈话。当你对自己变得更自信时，你甚至可以打断情感不成熟者，告诉他们，你已经听完了他们的故事，很想分享一个自己的故事，探讨有无共同点。你可以准备一些可以让他们从自己故事中走出来的话题作为开头。

自我探索

回想一次你向情感不成熟者寻求同情和理解，而他又将话题带回自己身上的经历。描述那时和现在的感受。

描述一下你的感受——你要求情感不成熟者暂停，让你说完，因为你还有更多想告诉他们的事情。主动出击，或许可以避免生气和恼火。

提示

情感不成熟者期望你认同交流重心在他身上，你只是个帮助他们实现目标的配角。只有你才能提出自己也有权得到关注，进而令关系平等，令交流互惠。被动地倾听只会加剧你的内耗，无法促成令双方互惠的沟通。要知道，你的兴趣和需求与他们的同样重要。

我所做的一切似乎永远不够

什么都没法让他们快乐太久

情感不成熟者似乎在获得快乐后难以享受快乐。人的本性确实总是渴望更多，然而，无法感到满意、感激所得，就是情感不成熟的表现了。

情感成熟者会感激他人的帮助和支持，他们可能不一定喜欢他人所提供的东西，但能感受到对方的善意，感受到自己被人关怀。他们会为收获的一小段愉快时光表达感谢。向彼此交换关怀，大家都会开心。帮助他人也令你乐在其中，因为你感到被人认可，对自己所做的事感到满意。

遗憾的是，你很难满足情感不成熟者，他们常常表现得好像你所做的一切永远不够。他们可能在某个瞬间很高兴，但这种快乐很快就会消失。你最后会感到自己一事无成，没有猜到他们真正想要的是什么。鼓励或帮助他们就像把水倒进漏斗，什么都留不住。心理学家弗吉兰特（Leigh McCullough Vaillant，1997）

称这种情况为“承接能力”差，这在拥有生硬且不成熟的应对方式的人身上非常常见。他们在情感上无法接受你所提供的东西，会让你产生挫败感、无力感。

常常情绪低落、脾气暴躁的情感不成熟父母，尤其会让孩子感到为难。孩子无法修复一个不快乐的成年人的情绪，但大多数孩子都会做出尝试。如果无法让父母开心，孩子会感到挫败。父母的持续不开心也会打击孩子，他们被“自己还不够努力”的感觉压得喘不过气来，孩子会把父母的情绪波动视为自己的问题，他们内心隐隐觉得，父母这样对他们是他们的问题。

情感成熟的父母也会情绪低落或生气，但他们通常不会向孩子传达“这是你的问题”“你不够关心我”等信息。即使孩子的安慰无法让他们感觉好转，他们也会体察孩子的良苦用心。

而情感不成熟父母有时会直接打击孩子的自尊心，让孩子觉得自己“不够好”。这样的父母会让孩子觉得无论他们如何努力，父母也无法满意。这会影响孩子终身的自尊感，让他们永远觉得，自己必须不断努力才配得到爱、尊重、支持。

我的一位来访者在离婚之后很怕再次约会。他始终觉得自己的外表或车子不足以给约会对象留下好印象。遇到一个新的恋爱对象时，他会用尽全力展现自己的幽默风趣，全力扮演“理想对象”的角色，只为获得第二次约会的机会。他很快就感到筋疲力尽，害怕约会。我问他如果不那么努力会怎样，他表示自己必须非常卖力地“表演”，否则对方一定会觉得他“不够好”（这实际上是他非常挑剔的母亲的真实反应）。

情感不成熟父母在你童年时期的承接能力差，可能导致你长大后对与人慷慨和利他主义有些歪曲的看法。当他人对我们的帮助表示感激时，我们会享受与人为乐，他们的热情反馈激励了我们的利他主义冲动。但如果情绪低落而不满的父母不断暗示你没有达到他们的要求、不够关心他们、关心的方式不对，那么你长大后可能产生不配得感，人际交往能力差。当你付出了一切，而你所爱的人似乎仍然不开心时，你可能觉得问题出在自己身上。你不会想到，这种感觉其实源于父母承接爱意的能力较弱。

情感不成熟者为什么难以承接爱意呢？

也许你的情感不成熟父母与他们的父母在早期依恋中有着不良体验。在安斯沃斯、贝尔和斯泰顿的母婴分离实验中，研究人员观察到，一些非常年幼的孩子表现得好像母亲并不可靠、在情感上不值得信任。这些孩子对与母亲短暂分离的反应很像遭遇抛弃，但母亲回来照料他们时又显得矛盾不安。孩子会寻求母亲的安慰，但得到后又感到愤怒、不满。母亲经孩子召唤来照料他们，但一来就被孩子推开。如果母亲本身也感觉被拒绝，自信心下降，甚至觉得孩子不喜欢她，自己不是个合格的母亲，这种情况就可能会恶性循环。

母亲自身的不安全感和矛盾感，会使原本就复杂的情况变得更糟。正当需要母亲更细心、更有耐心地与孩子建立联结时，她要么防御性地退缩，要么把自己的想法强加给孩子。如果孩子感觉父母与自己的情绪状态不同步，这可能影响孩子日后人际关系中的承接能力的发展。

似乎无论我们付出多少，情感不成熟者都不满意。接下来让我们看一看，该如何应对这一点？

策略

首先，要对自己抱有同理心。当他人拒绝你的关怀时，感到伤心与失望很正常。但在你转向愤怒之前，先退一步，问问自己与人互动的初心。如果其中有任何一点是想要对方感到快乐，那么你需要进一步审视自己的动机，必要时进行调整。提醒自己，你是一个关爱他人、乐于付出的人，但对方无法享受你的关怀。这确实让人感到不满和沮丧，但你已经尽了全力，甚至承担了更多额外责任。你没办法强迫他人感到快乐，否则他们早就找到快乐了。

自我探索

描述一次你试图让一个情感不成熟的家人开心一点，但一直感到自己做多少都不够的经历。

写下你想告诉他们的、关于不再为他人的快乐负责的话。用自己的话来表达，但要表明自己不会再投入精力以应对他们的承接能力问题。

◌ ◌ 提示 ◌ ◌

你可以提供你愿意提供的帮助，但不必让自己受伤，自我牺牲并不健康。无论如何，你都不用负责弥补他人不开心的童年。如果你真诚尝试过提供帮助或表达爱意，那么不要因情感不成熟者的不满而怀疑自己。你清楚自己在尽力提供帮助和支持，情感不成熟者不能定义你。

为什么很难跟他们建立亲密关系 / 分享真实想法

为什么情感不成熟者会回避情感亲密

布兰迪渴望母亲坐下来陪着她，倾听她的烦恼。但当布兰迪向母亲罗丝吐露心声时，罗丝似乎总是感到不自在。有时罗丝会告诉布兰迪不要焦虑，或者给出一些毫无用处的敷衍回应（“你应该告诉他们……”）。有时罗丝会打断布兰迪，给出一些不请自来的建议，大多数时候罗丝都会感到不耐烦，转而说自己的事（“你以为你已经碰到了麻烦……让我告诉你我遇到了什么！”）。布兰迪从未感受到罗丝的重视，但她认为这是自己的错，是自己无法留住母亲的注意力。布兰迪因此觉得自己太依赖他人、过于敏感。她逐渐变得羞怯，认为告诉他人自己的真实想法是一件很尴尬的事，觉得大家都会很快厌倦自己。

对情感不成熟者来说，与人分享亲密情感和深层感受会让他们感到紧张。强势的情感不成熟者会以某种方式压抑你的情绪，被动型情感不成熟者会忽略你或安抚你。这两种类型的人都更喜欢浅层沟通，关注琐事、他人（通常是你不太熟悉的人）的八卦、自己的兴趣或事件。这种表面化传达了明确的信息——他们没有兴趣建立更深层次的联结。如果你试图跟他们谈论更有意义的事，他们可能马上结束话题（“别胡说！”）或者否定你（“没有的事！”“你说的不是真的！”）。无论他们反应如何，都会让你感觉自己不被认可。对于像布兰迪一样跟情感不成熟父母长大的人来说，他们很难想象他人会对他们的想法和感受产生兴趣。

不尊重他人的感受对长期亲密关系和婚姻都有不利影响，更不用说父母与子女之间的关系了。当一方不想谈论感受（或其他有意义的话题）时，关系紧张和情感孤立几乎是必然的结果。如果有人重视我们的感受，向我们表达关怀、给予安慰，那么我们都会觉得好受一些。进行眼神交流，得到全部的关注、温暖的回应、令人安心的肢体接触（Porges，2017），都会让我们更有力量。受到他人重视是人类复原力的重要来源。

然而，深层次的真实互动令情感不成熟者感到害怕和焦虑。他们回避情感脆弱，因为他们从未学会如何深入感受并保持情绪稳定。即使是性情温和的情感不成熟者，遇到你表露过多情感时也会想要闪避。他们不知道如何面对向自己敞开心扉、渴望被理解的人。情感不成熟者可能试图劝你不要如此情绪化，做出许多事情来削弱你的情感强度。他们本身很少体会这种亲密，因此不知如何应对，甚至不明白自己为何要应对这些。

情感不成熟者不太可能直接与你谈论情感，他们更倾向于与他人谈论你。他们宁愿跟他人说你的事情，也不愿意与你直接交流。这种在两人关系中有第三个人在场的**三角关系**

（triangulation）（Bowen，1978）创造了一时的亲密，但这种联盟通常不够稳定和真诚，就像小学生之间的友谊：只要能一起给外人“贴标签”，我们就属于同一战线。

当然，也有一些聪明的情感不成熟者可以直接与你交流深层次话题，透彻地理解你的动机与感受。他们能够快速与你拉近距离，对你产生浓重的好奇心令你受宠若惊，感到自己被深深理解（洗脑型领导者对此非常在行）。然而，随着时间的推移，你会注意到，他们与你之间没有情感体验的交互。这种关系更像是单向的，没有平等的互相倾诉。这不是真正的友谊，而是一场表演。你是他们用魅力攻略的对象，而非真正投入精力建立联结的人。

如果情感不成熟者一直回避与你建立亲密互动和交流，那么你可以做些什么呢？

策略

也许情感不成熟者不会主动发起真正的交流，你不妨尝试以稍有意义的方式分享一些情感。可以试着让情感不成熟者倾听你十分钟，这样就可以为更有意义的互动搭建基础。如果对方同意听你说话，但中途总是给出意见或插话，你可以请他再听你说几分钟，向他解释只被倾听的感受多么好。结束后感谢他的倾听，告诉他你很享受与他的交谈。问一问他是否也有想说的话，如果没有，就此结束交流也可以。

情感不成熟者缺乏真正倾听他人、关怀他人的经验。你可能真的需要教他们一些基本的情感交流常识。这对你来说没那么开心，但你会有一些机会明确表达自身需求。我不建议你频繁使用这种策略，否则你很容易感到失望。但你可以时不时用它来明确指导情感不成熟者为你提供你需要的东西。即使他们没有太大改变，你也可以为自己的直接和诚恳感到开心。详细描述自己希望得到怎样的反馈，不要指望他们自行领悟没有做过的事情。

自我探索

当情感不成熟者不愿意深入倾听你时，你会有什么感受？

当情感不成熟者对你不感兴趣时，你通常会采取什么行动？你会感到失望、撤回情感吗？你会生气吗？写下你的常规反应，是被动地感到不满，还是主动肯定自己？

○ ○ 提示 ○ ○

如果情感不成熟者拒绝更有意义的交流，那你不如后退一步，将时间花在倾听自我上。将你的经历转化成文字记录在日记中，来与自我保持亲密。描述当时你对他们的期望，以及交流限于表面让你感觉如何。你的日记为你提供了一个倾听自我的环境，同时帮助你处理深层次的思想和情感。

为什么和他们待在一起那么难受

为什么你总想躲避情感不成熟行为

曼蒂与丈夫杰克以及三个孩子一起过着快乐的生活，而她很害怕父母的来访。曼蒂的父亲弗兰克是一位成功的小型企业主，他很严肃，喜欢对人评头论足。他一直不赞同曼蒂的婚姻选择，觉得杰克是一位音乐人，不明白自己的女儿看上他哪儿了。弗兰克常常让曼蒂对他们的小房子感到自卑，还总是塞给杰克一些不请自来的建议，要他赚更多钱。如果弗兰克来访期间有任何不快，全家人都得小心翼翼的，直到他心情好转。似乎永远没有什么事情能够令他感到满意。

曼蒂的母亲帕姆则是阴晴不定、自以为是的弗兰克的对立面。她为弗兰克开脱，事事依着他、伺候他，让家里维持一种表面的欢快氛围，有事没事聊一些家常和新闻。她喜欢给孙子们做饭、陪他们玩游戏，但当孩子们心情不好需要安慰时，她似乎束手无策。她常常给孩子们买礼物，但似乎很少考虑他们的喜好。来访期间，如果曼蒂想和母亲谈一谈自己遇到的问题，母亲会拍拍她的手说事情一定会解决的。曼蒂无法深入了解母亲的个性。

尽管曼蒂的父母性格不同，但他们都具有情感不成熟的特征：缺乏同理心，以自我为中心，回避情感亲密。除了同理心不足外，他们也难以理解他人的内心感受（mentalizing）（Fonagy and Target，2008）。他们不仅无法体察曼蒂的感受，还无法想象和体谅她当下的内心状态。

曼蒂与父母在情感成熟度和心理分化方面处于不同的发展阶段。正如默里·鲍文在家庭系统理论中所描述的，情感不成熟者会寻求整个家庭的心理融合，形成他称之为“无分化的家庭自我”状态。在这种状态下，人们通过过度参与彼此的生活、将自身问题投射给彼此来管理焦虑。这种过于“紧密”的家庭融合状态正是像曼蒂这样的成年子女想要逃离的。曼蒂渴望鲍恩所说的“分化”——成为独立个体，而不是将家庭身份视为最高价值。根据鲍恩划分的分化程度，父母与曼蒂之间存在明显差异。下面我们来看看，具体是哪些情感不成熟的特征让曼蒂的父母难以相处。

和大多数情感不成熟者一样，在弗兰克和帕姆看来，女儿是他们的“延伸”，他们自然而然认为，曼蒂想要变得和他们一样。他们没有试图了解已经是成年人的曼蒂，也没有把她的丈夫和孩子当成独立个体来了解，因为他们已经有了先入为主的假设。弗兰克对杰克作为音乐人的生活一点儿也不好奇，帕姆买礼物前也从没考虑孙子喜欢什么，她只买自己觉得孙子会喜欢的东西。弗兰克和帕姆都忽视了孩子和孙子的内心感受，反而期望他们喜欢自己喜欢的东西。他们认为，家人就应该拥有共同的喜好。和情感不成熟者在一起，你会感觉自己像是他们生活的附属品，而不是得到他们关注的真实的人。

曼蒂的父母难相处的另一个原因是，他们习惯掌控一切。情感不成熟者通过把你拉入他们情感不成熟的关系系统在心理上控制你，让你觉得应该牺牲自己，来保证他们的情绪稳定、维护他们的自尊心。这种情感支持在孩子身上是正常的，但对成年人来说是情感不成熟的表现。

情感不成熟者的焦虑、过度反应和自我中心会令与他们互动的人产生不安全感。他们很少进行必要的情感劳动（Fraad，2008），比如展现耐心、友善地聊天、找到得体的方式来讨论问题，这些都是维系良好关系所必备的。他们几乎总是把情感劳动留给他人来做，这也是和他们相处会令人疲惫的另一个原因。谁会喜欢总要考虑他人的自尊心，小心翼翼做事，给予他人大量关注，却不期望对方的回报呢？

与情感不成熟者互动会让你感到疲惫、无聊、乏力，同时让你保持高度警觉。和曼蒂一样，你会感到筋疲力尽，同时非常紧张。试想一下，如果一个人不想深入了解你，期望你把他放在第一位，而你一旦坦诚说出自己的喜好，他就开始评头论足，那你怎么能享受和他在一起的时光呢？

情感不成熟者还试图给自己的要求增添道德色彩，以此来控制你，这也令人感到不快。他们理所当然地认为，满足他们的需求是你的道德义务（Shaw，2014）。比如，曼蒂的父亲在表达观点时很少直接陈述，总是带着高人一等的权威姿态。任何反对他的意见的人都是坏人。弗兰克这种强势的情感不成熟者所期望的是，你成为他的延续，一个迷你版的他。

此外，情感不成熟的关系融合会将你拉入一个“戏剧三角”中（Karpman，1968），在其中你可能扮演以下三种角色之一：无辜的受害者、好斗的攻击者、英勇的拯救者。如果听情感不成熟者讲述自己的人生，你会反复发现这三种角色出现在以背叛和失望为主题的故事中。这意味着，如果你不跳出来担任他们的拯救者，在他们受压迫的人生故事中，你不过是又一个令他们失望的人。虽然在小说和电影中，戏剧三角很有吸引力，但在现实生活中，这些角色总让人感到约束太多、出奇地无聊。

最后，有一类情感不成熟者特别难相处，那就是有虐待倾向的人。他们就喜欢让人不舒服——他们享受摧残你所带来的快感、羞辱你、让你感到痛苦或遭受创伤。他们打击你的快乐和自尊，增强你的不安全感和不确定感。你很难相信，和你如此亲近的人会喜欢折磨你，但这与你无关。他们就是喜欢因此带来的权力感和权威感。

如果你不喜欢和情感不成熟者待在一起，却又不想和他们断绝联系，那么你该如何应对他们的情感不成熟行为呢？

策略

情感不成熟者可能难以相处，在他们身边坚守自己的个性需要持续不断的努力。你可以试着跟他们减少接触，找到一种双方都能接受的联结程度，特别是你自己能接受的程度。以更短时间的接触来维系与情感不成熟者的亲情或友情往往效果最好。短时间接触有利于双方保持最佳状态，互动时间一变长就可能重回心理融合或抵触的极端状态。如果你发现，自己不太想待在情感不成熟的家人或朋友身边，这是由于你们之间情感成熟度的不同，而并不是任何人的错。

自我探索

想想你生活中具有情感不成熟特征的人。他们做了什么事，让你与他们相处一段时间后感到不舒服、很烦躁？

现在闭上眼睛，想象一下和你喜欢的人一起待上一个小时和与情感不成熟者待在一起有什么不同？

提示

了解人们在情感成熟度上存在差异，有助于解释为什么有时候你想要远离情感不成熟者。情感成熟度的差异很快就会令关系紧张，你们之间如果无法产生情感共鸣或建立任何情感联结，你就不必为产生距离而感到内疚。你们只是兴趣不同、在心理复杂程度上有差异。如果这引发了冲突，减少相处时间可以更好地维系关系。然而，无论你和他们待在一起多长时间，只要你始终坚守自己的个性，不受他人期望的影响，你就会感觉好一些。

是否有希望建立更好的关系

情感不成熟者能否改变

如果你曾见过情感不成熟者温柔的一面，那么你可能觉得，肯定有办法跟他们建立彼此尊重、更真诚的关系。无论他们之前如何对待你，你仍然希望能够与他们建立更亲密的关系，希望有一天他们变得更有同理心、向你投注情感，我称之为**“治愈幻想”**(healing fantasy)。这种幻想推动你想方设法跟他们建立情感联系，渴望最终建立一种有益的联结。

如果你有情感不成熟的父母，那么你需要依赖这个幻想成长为强大的人。从你的成长与发展来看，对与父母建立更紧密的关系抱有希望对你有利。这种希望得以实现的概率极低，但它能勉强维持你在成长道路上前行。

你对改善关系的希望，也许源于情感不成熟者曾与你共度美好时光，也许他们并不总是自我防御或批评你。当他们感觉安全和放松时，可能流露过真挚和温柔。情感不成熟者不是没有同理心，而是他们的心理防御机制太容易遮蔽他们对他人的关怀。

情感不成熟者会在某些瞬间做出修复关系的真诚尝试，比如一向冷酷的人在临死前表达悔意，曾经施虐的人为自己的行为感到羞愧，缺席孩子生活的父母真心感到悔恨。在这些时刻，他们的真心会卸掉情感不成熟的防御外壳。孩子永远不会忘记情感不成熟者曾经表达的真诚关怀。因此如果你曾感受过他们的爱，哪怕只有一次，你就会希望得到他们更多的爱，这是可以理解的。

然而，在通常情况下，情感不成熟者的防御机制会牢牢掌控他们的情感生活，哪怕他们想放开一点也无法如愿。长期以来的不安全感会在第一时间触发他们的防御机制。你想要靠近他们的努力无法抵抗他们迅速建立的防线。他们的情感反应是无意识的、即刻的，他们也许本不想伤害你。他们会情绪爆发、批评指责、提出要求，或者不自觉地收回爱意。

那么，情感不成熟者有可能改变吗？可能应该问的问题是，他们能否改变并维持改变后的状态？换句话说，他们能否重头来过，重塑自己的人格结构，治愈自己的创伤经历，洞察自身行为，寻找补救之道，并付出艰辛努力，克服多年来条件反射性的防御和推卸责任的习惯？这固然可能，但难度极大。

一些情感不成熟者随着年龄增长会变得更温和、更成熟、不那么冲动（G.Vaillant，1977），获得应对压力的能力和智性。比如，严厉的父母可能会变成宠爱（且包容）孩子的祖父母。脱离了亲职的重担后，一些祖父母会以当年未曾对自己孩子做到的，对孙子、孙女敞开心扉。一切都取决于他们防御的僵化程度以及一点幸运成分，而有些人情感不成熟的程度会随年老日益加剧。

和情感不成熟者相处和谐的时刻，让你有所期待并想要找到恰当的相处方式，让他们变得更加理性、开明、包容。你会小心翼翼，避免说出或做出触发其防御机制的事情，或者以讨好的态度跟他们相处，希望维持和谐的气氛。

你可能对改变他们还抱有希望，认为自己既然已经掌握了有效的沟通技巧和谈判策略，以及更多应对难相处的人的方式，便能解决问题。你希望这些新技巧帮助你与情感不成熟者建立更加平等且真诚的关系。

如果你对情感不成熟者的改变还抱有希望，相信自己能够取悦他们，那么你会继续从他们身上寻求难得的亲近感。你可能不知道，这种潜意识给你带来了大量压力让你保持警惕。随着时间的流逝，这种感觉渐渐变成一种习惯。“治愈幻想”告诉你，全家人其乐融融的奇迹场景马上就会出现，即使事实并非如此。有时候你自己也说不清为何还在努力尝试，改善关系的决心为何无法动摇。

然而，通常情况下，情感不成熟者会固守自我中心主义。你掌握了精湛的人际交往技巧，并不意味着情感不成熟者会做出回应，或者愿意和你进行深层交流。无论你的沟通能力如何精进，你终究都要应对他们以自我为中心的反应。

即使在外人看来这种关系非常痛苦，你可能还是觉得一切都值得。人际纽带往往深固无比。拥有同理心和敏感性的、情感不成熟父母的子女不愿放弃任何人。但有时候，如果情感不成熟者变本加厉、提出过分的要求、没有边界感、试图主导一切（比如不断给予建议或表现控制欲），子女也会选择脱离这段关系，因为维系联结的成本太高。

那么，情感不成熟者能做出改变吗？并非全无可能，但只要他们一直拒绝自我反思，改变的可能性就非常小。

或许更有效的思考是你打算如何做出改变。如果你尽了全力却仍然无法改善关系，你打算如何应对？你会因伤心、愤怒、退缩而陷入困境吗？你会感到失望和无助，进一步陷入情感不成熟者的关系模式和情感控制中吗？或者，你是否愿意改变对待他们的态度，让自己变得更坚强、更自信，即使他们永远不会改变？

无论情感不成熟者是否改变，只要你不再允许他们告诉你应该如何感受和思考，这段关系就会逐渐走向平等。接下来让我们看一看，你可以开始采取哪些行动。

策略

当你能更客观地看待情感不成熟者的行为和自己的回应时，就有机会让你们之间的互动趋于成熟。不再被对方影响后，你可以坚持自己的价值观和个性。要做到这一点，你要审视每次互动，表达自己的看法和喜好，用中立且客观的态度与对方交流，让对方知道你对某些行为的态度。无论对方如何将你拉入他们的思想体系，你都要保持自主性。真正的改变来自你关怀他人却不受其控制的独立状态。

自我探索

回想一下，情感不成熟者做出过什么举动，让你对改善关系充满希望？他具体做了哪些事？

你对这个人放弃过希望吗？觉得他再也不会改变了？回想那个时刻，描述一下你当时的实际感受。

◌ ◌ 提示 ◌ ◌

如果你学会以一种方式和情感不成熟者相处，找回对自己的掌控感，不再受他们行为和反应的影响，会怎么样？如果你已经能够熟练地应对他们，不再介意对方是否改变，会怎么样？这样即使对方毫无改变，你也能自行改善这段关系。你总能以审慎的眼光看待他人，并保持自己的个性，让与情感不成熟者之间的关系朝着自己喜欢的方向发展。

在本书的第二部分，我们将探讨情感不成熟者是如何影响你的，以及你该如何从他们的心理动力的影响中解脱出来。

DISENTANGLING FROM
EMOTIONALLY IMMATURE PEOPLE

第二部分

情感不成熟者如何影响你

同父母的兄弟姐妹与我为何如此不同

兄弟姐妹之间的差异及情感不成熟父母的成年子女的两种类型

兄弟姐妹之间的差异总令人惊叹。同样的父母，同样的成长环境，兄弟姐妹的个性为何如此迥异？我接触的许多情感不成熟父母的成年子女都很负责任、有自我反思能力，他们会主动寻求心理治疗和指导来改善自己的生活。然而在这些人中，许多人的兄弟姐妹的生活充斥着人际交往不顺、物质成瘾、心理不健康、过于依附父母等问题。

虽然情感不成熟父母的成年子女有着各式各样的行为，但大体上表现为两种明显类型，我们来看不同类型下明显的例子。

内化型

- 习惯自我觉察、自我反思，敏感而富有洞察力
- 喜欢思考，热爱学习

- 试图做出有效的回应，而非冲动反应
- 看上去更为成熟、深沉，往往更为能干、可靠
- 会深入体悟自身经历（Aron，1996）
- 有责任心
- 往往会成为“替代父母”(Minuchin et al., 1967; Boszormenyi-Nagy，1984)，即情感不成熟父母会过分依赖他们，把他们当作倾诉对象或助手

内化型的子女很喜欢自助读物，因为他们对心理学感兴趣，热衷了解人类的行为。在应对情感不成熟者的问题上，他们也是最可能主动寻求帮助的人，因为他们会本能地利用自己的洞察力来解决问题。除非特别说明，本书提到的情感不成熟父母的成年子女指的都是内化型。

外化型

- 容易兴奋、做出冲动反应，即使表现得平静而内化
- 抗压能力较弱，会做出非理性行为来释放压力
- 由于不考虑未来和后果，只活在当下，生活策略不够，所以常常招惹麻烦
- 不擅长自我反思，常将自己的问题归咎于他人
- 在遇到困扰和感到沮丧时怨天尤人，很少反思自己的行为本身
- 容易走入成瘾性、过分依赖、充满冲突的关系之中
- 情感成熟度可能偏低，被划入情感不成熟类别中

内化型和外化型这两个极端之间存在一个连续体，因此许多

人可能同时具备这两种特征，或者在特殊情况下，也可能向连续体的另一端移动。比如，无论我们是否属于内化型，我们都可能在生病、疲劳、高度紧张的状态下变得更外化、更依赖他人。在这些时候，我们对挫折的忍耐力会下降，内化者也会变得喜欢批评他人或者脾气暴躁。

反过来，当外化者触底，旧有的方式让他们付出过多的代价时，他们可能变得更为内化。这时他们或许更愿意接受指导和帮助，尤其是值得他们信赖的帮助者给予的定期支持。通过自我反思和承担责任，外化者也能开始做出改变。高度结构化的“12 步程序”（12-step）旨在支持这一成长和对自己负责的过程。此外，作为社会支持的各种咨询也可能发挥激励作用，培养他们更好的自控能力和更成熟的问题应对方式。

总的来说，这两种生活态度的最大差异在于，内化者会进行自我反思，顾及他人的感受；外化者则更容易做出一些缓解压力的行为，将问题归咎于他人。

你觉得自己更趋向内化型还是外化型？考虑一下，哪些特征与你更加相符。

我们如何解释这两种子女之间的差异？我们不知道这些差异是先天的生理特性，还是取决于环境因素，比如家庭教养方式或出生顺序等。但我们可以思考造成这两种类型的一些可能原因，来更好地了解它们。

在神经感受能力和敏感程度上，内化者可能天生强于外化者。内化者更常用的脑区以及先天的神经生物学特点可以解释为何他们仅通过少许线索就能捕捉到他人的情绪。内化者似乎天生好奇心更强，喜欢思考和学习，因此更容易预见后果。他们也更有洞察力，对复杂的事物感到好奇，喜欢探索行为背后的原因。

也可能存在生理因素，让外化者反应更强烈，在深思熟虑之前就全身心地投入。他们的冲动性和高度戏剧化的生活模式，可能与自我安抚能力天生较差有关。也许他们童年时期面对压力的生理反应过于强烈，影响了思维功能的发育。

比如，神经科学家斯蒂芬·波尔格斯（Stephen Porges, 2011）的研究探讨了侧腹迷走神经的调控如何导致了神经反应和情绪反应的差异。这一副交感神经系统分支管理着我们的自我安抚能力，以及通过寻求他人安慰走出恐惧等情绪困扰的能力。波尔格斯认为，有高情绪反应的人（如边缘型人格障碍患者）的神经功能可能天生较弱，难以在经历威胁或沮丧后重新找到平衡。他们的身体就好像默认进入了警戒状态，难以自行恢复常态，需要外界帮助才能平静下来，回归正常状态。

无论原因是什么，与更能自给自足的内化型孩子相比，有高情绪反应的孩子会激发父母做出更多行为。难以自我安抚可能导致父母通过即时满足来安抚这些孩子，让他们觉得只有得到特别的照顾才能恢复常态。他们因此错过了学习在没有即时满足的情况下如何安抚自己的机会。

过度认同和与孩子情感融合的父母可能将孩子视为自己的替代品，让孩子获得自己从未得到过的特别关注和满足感，从而培养出孩子的外化型行为。这样的孩子可能成为父母的宠儿，引起兄弟姐妹的嫉妒。然而，他们的处境并不令人羡慕，因为他们始终与奖励孩子的过度依赖行为的父母纠缠在一起。这样的父母实际上将孩子看作自己的衍生品，不允许他们发展自己的个性。

相比之下，内化型的孩子不太可能因父母出现功能失调，可能正因为他们的神经系统更为敏感、自我意识更强，所以即使父母希望他们更依赖自己，他们也会保持自我的独立性和自主性。

作为兄弟姐妹，内化者和外化者之间的这些差异可能让双方都有着强烈的情绪。内化者觉得自己孤立无援，外化者觉得他人永远满足不了自己。内化者可能感到自己承担了太多成年人的责任和期望，而外化者的兄弟姐妹却似乎可以躲避一切。同时，外化者会怨恨负责任的内化者，因为他们总是正直稳重，总是成功，总是在做正确的事情。

家庭内部也会下意识地规定成员的角色（Steiner，1974；Byng-Hall，1985），这些角色在孩子很小的时候就形成，导致兄弟姐妹之间产生差异。总的来说，孩子在身体和心理上天生的弱势与优势，会与家庭作为整体对稳定的需求产生交互影响。不同的角色会发展出非常不同的个性。

确定自己更倾向于内化型还是外化型，可以帮助自己建立更充实的人际关系。一旦更好地理解了自己的行为模式，你就可以开始做出改变。

策略

请根据以下问题明确你更倾向于情感不成熟父母的哪一种成年子女。如果你更倾向于内化型，那么你需要有意识地避免用同理心将自己带入自我牺牲的境地。常提醒自己，你没有责任修正他人的错误，也不用过分顾及他人，而丧失了自己的边界。

如果你更倾向于外化型，那么你需要培养自我反思能力，这能帮助你掌控生活并改善关系。多多练习顾及他人的感受，主动学习自我安抚与减压技巧。

自我探索

你觉得自己更倾向于内化型还是外化型？哪些特征与你最相符？

如果你有兄弟姐妹，请描述他们的内化型或外化型特征。

○○ 提示 ○○

如果你倾向于内化型，一定不要陷入“戏剧三角”，即你扮演拯救者的角色，而他人是受害者或攻击者。在跳出来拯救他人之前，要深思熟虑，考虑自己要付出哪些代价。这对于已经越界形成依赖助成（Beatty，1986）的内化者来说尤其重要，你承担起了改变他人生活的不可能任务。要注意自己是否有过度关心的倾向，是否在为没有为你们的关系做出平等贡献的人过度付出。

在他们身边时我像个透明人，他们为什么不顾及我的感受

坚守自己的边界、立场、个性

托马斯的母亲安娜总是以自我为中心，固执己见，随意进出汤姆斯的家中，一点也不尊重托马斯的个人边界。后来，安娜的过度干涉和专横态度终于耗尽了托马斯的忍耐力，他要求母亲暂时不要与他联系，等他主动联系。之后安娜开始对托马斯进行邮件轰炸，强求他改变主意，并以“母爱”为由拒绝暂停联络，反复询问什么时候能谈话，并安排通话时间。她完全忽略了托马斯的意愿和要求，就像从未听到托马斯说出自己的想法一样。用托马斯的话说，“她从来不听我说话，在这段关系里我感觉自己好像不存在一样。无论我说什么，她都会照自己的心意来”。

托马斯要求暂停联络，这既是他个人需求的表达，也宣布了他想要脱离安娜，独立成长。他在维护自己的权利，设定自己的边界。但安娜并不对托马斯给予尊重，反而极力否认他掌控自身边界的权利。当托马斯为自己发声时，安娜就像根本没听见一样，如此对待他。

当他人坚守自己的个性时，情感不成熟者似乎会有受威胁感，自恋型情感不成熟者尤其如此，因为他们只跟着自己的想法走。他们认为自己的欲望是正当的（Shaw，2014），自己有资格获得任何想要的东西，就好像他人的感受不值一提。他们常常忽略、“忘记”、否认他人的意愿，因为他们无法理解他人的不同意见。他们无法理解怎么会有人和自己有全然不同的诉求。

情感不成熟者对你的主观体验缺乏理解，因此你不会有被看见、被倾听、被肯定的感觉。没有这种基本尊重，你会觉得在对方心中，自己只是可以利用的工具。一些情感不成熟父母甚至不知道孩子应该得到尊重。就像我的一位来访者的母亲对她说的：“你是我的孩子，我不需要对你好。”

在这样的态度下，无法有温情存在。真正的温情根植于同理心（Epstein，2022），这是情感不成熟者通常缺乏的东西。温情是我能意识到你的存在。这看似简单，而实际上，温情是一种复杂且成熟的情感行为，包含同等分量的理解、同情和对他人完整且独特的存在的敏感度。如果你还没有成熟到能够理解他人是与你分离的独立个体，那么你还无法向他人施展真正的善意与温情。

当你表达意见并设定边界时，有人会无视你的需求，这让人难以置信。被忽视的感觉令人恼火，你感觉自己像个隐形人，在关系中失去发言权。情感不成熟者会否认、无视、歪曲任何自己不喜欢的事实，包括你的边界。令人难以接受的是，对情感不成熟者来说，你的拒绝不是终点，而是他们讨价还价的起点。

情感不成熟者将自己的意愿强加于你，同时不让你拥有尊严和主导权。这是因为，他们认为你是他们的延续，他们有权主导你。他们不尊重你的意愿，因为在他们看来，你的主观体验与他们不同这件事实在太离谱。就好像除非先得到他们的允许，否则你根本没有权利做自己。

然而事实是，你是自己的主宰。情感不成熟者的表现也许让你觉得，自己的感受和喜好并不重要，但这实际上是他们对现实的歪曲。一旦你看清他们总是想要操控你，总是将自己的意愿变得比你的需求更正当，你就能够重新厘清自己的立场。你无法让情感不成熟者多一点同理心，但是你必须重视自己的感受，这是至关重要的。在他们身边时你不必为了配合他们表现得像个透明人。除非你给予他人操控你生活的权力，否则他人无法控制你。

针对如何应对将自己的意愿强加于你的人（不论他们情感成熟与否），以下是一些建议。

策略

尽可能生动地想象，继续容忍那些不可接受的行为让你感觉如何，这样设定边界就变得更容易一些。将注意力放在这种不愉快的未来感受上，这样每当你不自觉想要满足情感不成熟者的要求时，你便能够保持定力。用中立的语气反复阐述自己的看法或拒绝应答，这能削弱他们的破坏力量。在你第一次设定边界时，他们通常听不进去，但只要你不断坚持，你就会变得更有力量。反复声明边界能让你练就与情感不成熟者相处时坚持自我的本领。你无法强求他人认可你或你的权利，但你可以不断捍卫自己的权利。

然而，如果你担心情感不成熟者因你设定边界而展现攻击性，请务必寻求专业人士或司法部门的帮助，安全地设定边界。

自我探索

回想一段关于你需要自己的空间的经历，对不尊重你的意愿和边界的情感不成熟者设定边界时你有什么感受？你的哪个身体部位会有生理感受？（今后在与情感不成熟者相处时，可以将这种生理感受作为信号，来提醒自己捍卫边界。）

回想一段与一位尊重你边界的人相处的经历，当时你有什么感受？这两次经历有什么区别吗？

提示

不要让情感不成熟者操控你的心理舒适度。渴望得到他们的认可和照料，只会让你进一步陷入他们的控制中。尊重自己的喜好，坚守自身边界才是有效方法。寻求对方的理解只会让你成为他人情绪系统的一部分。当你能将自己抽离出来，用中立的态度表达自己时，你便能获得情感独立。

我必须承担责任，成为家里的小大人，成为父母的知心朋友

过早成熟的代价

艾玛是一个聪明的小女孩，却好似有个老灵魂——比同龄人更成熟、更严肃。她不像其他孩子那样冲动和幼稚，而总是像一个小大人一样提前谋划事情。艾玛的母亲常常感到焦虑、缺乏自信，她的父亲是位学者，只会和艾玛讨论一些学术话题。对艾玛来说，父母与子女之间的角色好像颠倒过来了，常常是艾玛要去照顾和适应父母的需求。有时候，母亲的那种不确定感让艾玛觉得自己必须介入并掌控局面，尤其是照顾她年幼的弟弟们。艾玛的母亲常常自豪地告诉他人，是艾玛养大了弟弟们，但她没有意识到，艾玛从小就背负了过多的责任。

艾玛也成为母亲可以吐露心声的知己，常常听母亲抱怨自己的婚姻没有爱情。艾玛觉得自己有责任阻止母亲陷入忧郁。而与情感较为疏离的父亲相处时，艾玛更像是他的听众，要提出一些知识性问题，之后认真倾听父亲的回答。

艾玛那时还没有意识到，自己是在努力成为大人们需要她成为的样子，来维持家庭的和睦。长大之后，艾玛便开始工作，买了自己的车，还支付了自己大部分的大学学费。她认为自己独立且强大，但在内心深处，她总是怀疑自己，是否真的像表面看上去那样有能力。

艾玛将自己的智性过早地投入成长中。她从小就懂得不能过分依赖大人，自己动手处理事情往往更好的道理。她独立监督自己的学业成绩，自己看病吃药，也自己完成所有的学业任务。她对弟弟们扮演着代理母亲的角色，但她的父母都没有足够的情感洞察力和兴趣，无法看到艾玛自身也有成长的需求。

艾玛从未觉得父母足够坚强，可以让她设定边界。她也没有勇气向父母抱怨、发脾气、挑战他们的权威，家里的每个人都在勉强维持现状。艾玛会事先假想并为每一种可能性做好准备，来获得安全感。她看上去那么严肃，是因为一直在思考什么地方会出错，如果出了问题自己该怎么办。她的智性让她将自己的思想作为安全感的主要来源，利用自己的早熟来满足自己的情感需求（Winnicott，1958；Corrigan and Gordon，1995）。在这种以自我为中心的父母身边，艾玛只能依靠自己的思想安慰自己，解决自己的问题，并监测自己的安全。

如果你像艾玛一样长大，你可能记得，自己常常独自安慰自己，对自己进行心理疏导，度过困难时期，用自己的想法来代替父母的想法。你的思想变成了一种缓冲物（Winnicott，2002），就像毛绒玩具一样，在缺乏父母陪伴的时候为你提供了安全感和慰藉。

但这种方式有其局限性。在成年后面对种种意料之外的问题时，过早成熟的你可能感到焦虑。你试图做好一切准备，但一个突如其来的危机就可能引发你内在小孩的绝望，你完全不知道该如何是好。这是因为，尽管表面上你处理事情的能力很强，你内心深处还藏着一部分脆弱的孩子气。在压力之下，你可能重新体会童年时期深深的不安全感，那时你独自一人，无人相助，也没有发展出足够的智性来应对一切困难。

这种焦虑不是失败，你可以把它看作创伤后应激障碍（post-traumatic stress disorder，PTSD）的闪回，这是因为你在很小的时候承担了过重的负担。一旦你意识到这种极度不安全感的来源，它就变得更容易应对。任何人在未获得保护的情况下被期望完成超出其发展阶段的任务，都会感到脆弱。

如果你有任何类似的成长经历，那么你对自己心智的成功依赖可能令你坚信，生活中的所有问题都可以通过智性来解决。过早成熟的你日后要面对一个挑战——与自己的真实感受建立联结。在心理治疗过程中，你可能展现了出色的洞察力和自我觉察，但实际上，你与自己内心深处的情感和需求可能隔绝得很彻底。找到一名能够让你在治疗关系中体验和解决情感问题的心理治疗师尤其重要。情绪焦点疗法（emotionally focused therapy）（Johnson，2019）和加速的体验性动力学心理治疗法（accelerated experiential dynamic psychotherapy）（Fosha，2000，2004）都非常适用于这类情况。

让自己与内心情感重新建立联结，学会依靠他人，这是治疗过早自我照料所产生的副作用的良方。你不必强求独立，心理治疗可以帮助你同受到惊吓而不知所措的内在小孩对话，让你不再感到异常孤独。

现在你已经了解了这种不安是如何形成的，接下来让我们看一看如何应对它。解决这个问题至关重要，因为内心深处的不安全感会让你更容易陷入情感不成熟者的操控之中。

策略

下次当你感到力不从心时，请试着与自己那个不得不过早长大的、不堪重负的内在小孩建立联结（Whitfield，1987；Schwartz，1995，2022），把这个不知所措的孩子保护起来。在压力之下，你有时会感到恐慌，可你没必要因此感到难堪。提醒自己，你现在感到不堪重负是有充分理由的，因为你曾经必须迅速成长。

以后每当你感到不堪重负时，你都可以用与以往不同的方式对待自己。试着填写以下句子，来了解你的内在小孩的感受，这些感受是你不安全感的来源：

> 你当然会感到＿＿＿＿＿＿（比如，惊慌、绝望、恐惧、内疚），因为＿＿＿＿＿＿（比如，你曾经无人陪伴、你不知该如何是好、父母从未注意到你有多害怕，等等）。

从现在开始，当面临类似情况时，你可以安慰自己的内在小孩，用几种不同的方式说出或记录下你的经历，直到感觉已经描述了造成如今糟糕情况的所有感受为止。如果你直面这些感受，并坚信自己的反应非常合理，你就能够重新回到过去，让当时还是孩子的自己知道，现在有一个关心你的成年人（你自己）陪着他。作为一个成年人，你已经能够理性地一步一步解决问题，尽管你的内在小孩可能已经吓坏了。

也要提醒自己的内在小孩——他不需要立即变得全知全能。作为一个成年人，你知道解决问题需要洞察力的孕育和一系列步骤，没有人能立刻得到全部答案。但是在一个没有经验的孩子眼里，大人们似乎对所有问题都能一下子给出答案。现在你的内在小孩觉得，要想照料好自己，就必须变得像那些已知晓一切的大人一样。对自己设定不切实际的期望，会让过早成熟的你崩溃和恐慌。

自我探索

描述一次你在成长过程中的经历，那时你必须得维持一个正面形象，表现得比实际上更成熟一些。当你独自面对某事不知如何是好时，你是如何应对的？

回想童年中一段困难时期，那时你感到自己完全孤立无援。如果可以回到那个时候，你希望有人对你说些什么？你希望他了解你正在经历的什么事情？

◌ ◌ 提示 ◌ ◌

情感不成熟父母的成年子女寻求心理治疗之所以能够产生效果，其中一个原因是他们在童年时期过度依赖自己的思维和想法。当你专注于自己的感受、身体感觉、情感需求、情感记忆的闪回时，你的自我意识和对主观经历的权利感得以增强。通过接受这些原始的情感和感觉，你会感到更加活在当下、生机勃勃、全情投入，也能更好地抵抗情感不成熟父母的压力。你的智性非常宝贵，你不应该要求它帮助你在情感上独立于他人。

如果心理治疗师过分赞赏你的智性和成熟度，要引起注意，因为他可能忽略这样一个事实——你的成熟也许源于让你身陷绝望的童年经历，这并非健康的成长方式。如果治疗师想要通过夸奖来安慰你，那么他完全错失了重点。问题在于，你一直都做得太好了，而且开始得太早了。

14

我很成功，过着美好的生活，但内心时常感觉不真实

补足未成型的自我概念

艾丽雅是一位白手起家的成功人士。她不仅创立了自己的企业，还获得了她所在领域的多项最佳顾问奖。她甚至抽出时间在企业里设立了一个慈善部门。该部门负责指导和赞助发展中国家的出色人才。作为家里四个孩子中的老大，她习惯了照顾他人。然而，每当人们称赞她的成功时，艾丽雅都无法摆脱内心的不真实感。

艾丽雅患有“冒充者综合征”（imposter syndrome）（Clance, 1985），她无法接受和内化自己的成功。他人的热情赞扬与她内心深处的自我概念并不匹配。

艾丽雅在智性上的自我评价比较符合实际，但情感上的自我概念并非如此。尽管她清楚自己的长处，但在社交场合总感觉自己不够好并与周围格格不入。她内心深处的自我形象是“孤女”。艾丽雅经常担心自己衣着不得体，这让她在可能相互比较的女性

圈子中感到尴尬，内心总觉得自己是个随时会被揭穿的“冒充者”。尽管她很有魅力，衣着得体，穿搭品味常常得到赞赏，但她总是觉得还是其他女性更优雅一些。

在艾丽雅的成长过程中，她从父母那里获得的经济和精神支持很少。父母偶尔注意到她时，语气中也往往充斥着批评和烦躁。对他们来说，艾丽雅去外地上大学的规划毫无意义、尽显自私。他们无法理解她要远行的抱负，认为她应该留在家里帮忙，找个同乡的人嫁了。父母只把艾丽雅看作家庭的一部分，对她作为独立个体的真实模样似乎一无所知。

虽然艾丽雅从支持她的老师和治疗师那里得到了帮助，但已是成功人士的她仍然会以父母批评的眼光看待自己。因为父母从未珍视她的独特个性，因此她无法将自己的成就视为真实的存在。

如果你像艾丽雅一样，在情感不成熟父母身边长大，那么你的自我概念与你现在展现的成年形象很有可能并不匹配。你可能非常有能力，但总是觉得自己是个“冒充者”。这种自我怀疑可能让你停滞不前，错失机会，无法再登上一个新的台阶。

父母对孩子缺少情感投入，常会造成我们的内在自我和外在自我并不匹配。我们很好地扮演了社会角色，内心深处却无法承认自己外在的成功。花点时间想一想，自己是不是也是这样的。在你的成长过程中，父母有没有帮助你欣赏自己的外表和能力？还是你一直感觉一切只能靠自己？

许多情感不成熟父母没有意识到，孩子的种种珍贵特质值得肯定和培育。他们过于关注自己的生活，而忽略了孩子的情感需求。对一些情感不成熟父母来说，夸奖孩子就像称赞家里的餐桌一样没有意义。情感不成熟父母看待事物的方式往往过于简单，他们无法感知孩子个性和才能的细微之处，他们对孩子的评价总是随着自己的情绪起伏而改变。情感不成熟父母常会烦躁不安，难怪他们的孩子会无缘无故地陷入自责之中。许多情感不成熟父母可能都不了解，他们给予孩子的关注程度会影响孩子终身的自我概念。

情感成熟的父母会为孩子的未来做打算，希望孩子准确地认识自我和自身优势。这类父母会指出孩子的优点，赞美他们的积极特质，帮助孩子建立坚实的自尊基础。情感成熟的父母拥有同理心，他们能够体会到父母的认可对孩子来说多么重要。

情感成熟也意味着，这类父母的观点很实际，他们的反馈既准确又实用，他们不会夸大也不会低估孩子的各种特质。这些幸运的孩子会发现，他们在家里得到的认同与社会对他们的回应是一致的。他们很自信地了解自己、自己擅长什么，不用担心自己是“冒充者”。

艾丽雅在探索自我概念的过程中对自己形成了不同的看法。她不再因为自己拥有远大目标而感到尴尬，她现在意识到，自己的雄心壮志源于自己的创造力，而非自私。她开始觉得自己是一个善于表达爱的人，对伴侣和朋友都很好（尽管父母似乎永远不满意）。虽然自己不能像一些同事那样时尚得毫不费力，但她认识到，她有自己的风格，这种风格能衬托出她的个性，支持她不断追求目标。艾丽雅现在不再因为自己在外表形象上下功夫而感到自卑，而是开始欣赏自己对改善自身形象的浓厚兴趣。她内心的“孤女”偶尔还是会浮现，但她现在更多感受到同情而不是尴尬。艾丽雅不断努力发现自己想成为怎样的人，她的自我概念越来越准确、细腻。她的自我感现在来自内心，而不是悬浮于一个虚构的身份之上。

接下来让我们看一看，可以采取什么办法，让你的自我概念真实地匹配个人兴趣和能力，而不受限于情感不成熟父母的期望。

策略

不能真正了解自己就无法真正建立自尊。如果父母不了解你真实的样子，那么你可能带着被打压的自尊和不清晰的自我概念步入成年生活。你可能对自己的天赋和能力有所了解，但除非你深入了解自己，否则你可能感觉成就不属于自己。

如果你内在的自我概念似乎比实际的天赋和能力弱，那么你可以考虑寻求帮助来深入了解自己。你可以寻求心理咨询或指导的支持，来构建一个更适合你的新的自我概念。你会不断成长和变化，因此请让你深层的自我概念流动起来。从值得信赖的朋友、同事、支持你的家人那里获得反馈，了解你是什么样的人，把这些内容记录下来。

自我探索

如果有人向你的父母问起你，父母会怎么形容你？你认为他们会准确描述你现在的样子吗？你觉得他们还会像你小时候那样看待你吗？

思考一下你的自我概念的演变过程。与现在相比，童年时期的你有着怎样的自我概念？你的家人是如何看待你的，你是如何看待自己的？现在呢？

你的自我概念中是否发展出了新的特质？在未来的成长过程中，你想在自我概念中培养哪些方面？

提示

你的自我概念和你已经发展的其他特质一样，是一种成就。在逐渐了解自己真实样貌的过程中，你也在不断地构建自我。你不必以那些陈旧的观念——家庭角色或出生顺序——来定义自己，你的自我概念比这深刻得多。从一些稳定不变的自我特质开始，一点一点添加令你变得特别的小偏好和能力。这种坦诚的自我描述会构建一个健康且可靠的自我概念，抵御“冒充者”的忧虑。无论情感不成熟者如何看待你、如何对待你，你的自我概念绝不应该弱于你的真实成就。

为什么他们不能给我一些积极反馈

为什么情感不成熟者不认可你的努力

表达积极的感情对于形成亲密、互相珍惜的人际关系非常重要，而情感不成熟者常常难以做到这一点。他们会回避对两人之间亲密情感的赞扬，不知道如何开启或维持支持性反馈的良性循环。而你始终停留在原地，为获得他们的认可而不断努力。

许多情感不成熟者缺乏同理心，无法帮助你建立信心和动力，给你想要的支持。缺乏父母的鼓励容易让你感到困惑和沮丧。在一个只有评价没有安慰的环境中，人们很容易感到紧张和不安全（Porges，2017）。这种情感回避确实会在短期内让你付出更多努力，但很快你就会觉得毫无意义，因为自己做多少都不够。

互相分享圆满完成工作的快乐是生活中的一大乐趣。我们希望他人能够认可和庆祝我们的努力。这是我们互相扶持、共同取得成就的一部分。同理心不仅要用在悲伤或困难的时刻，当我们快乐的时候，我们也希望他人能够享有这份快乐。

情感不成熟父母会在孩子为自己感到骄傲的时候贬低孩子，说孩子太“自负”，这样“不合适”。但实际上，谁不希望自己的成功得到认可，尤其是得到父母的认可呢？当父母也为孩子的成就感到骄傲时，父母和孩子之间便有了一个宝贵的机会去了解和欣赏对方。这并不会让孩子变得自负，反而会使孩子认识到，取得成就能以令人快乐的方式拉近人与人之间的距离。

研究显示，那些即使对彼此的小举动也做出正向反馈的伴侣有最健康的亲密关系（Gottman and Silver，1999）。那些对彼此的言谈举止很感兴趣，积极互动远多于消极互动的伴侣，在一起的时间更久。他们会体察伴侣建立联结的努力，肯定他们的行动。很明显，这会增强双方的活力、安全感和乐观情绪。

然而，情感不成熟者常常忽略他人对获得认可、爱意、联结的需求。他们过于关注自己的困扰，忽视了他人的许多细节举动。他们会以自我为中心地理解对方的言论，感到有必要或感兴趣的时候，才会做出回应。如果心情不好，他们甚至可能进行讥讽或批评。是否提供温暖和认可取决于他们的心情，而不是他人的需求。

许多情感不成熟者对赞赏异常吝啬，就像对待稀缺品一样，好像做好工作是理所当然的，没必要特意赞赏。他们不明白，做你该做的事为什么还要得到特殊对待。这种吝啬赞赏的做法营造了一种有条件的氛围，让人觉得受到审视、压力重重，因为尽了最大努力也只能达到基准线。情感不成熟者也许觉得设立高标准可以促使他人追求卓越，但对方可能感到筋疲力尽、异常绝望。生活已经足够艰难，你没有必要努力挣扎，从不愿给予认可的人那里争取赏识。

情感不成熟者常常对被期望给予积极回应感到不满。不管你是否承认，事实是，任何人际关系都有着不言自明的承诺存在。如果你经常与某人互动，那么拥有“怀着同理心体贴彼此”这种期望是可以理解的。这不是贪求，而是一种互动。那些能让人感到自己被欣赏的领导和教师，更容易收获员工和学生的合作和良好表现。人们在充满希望的氛围中比在倍感压力的环境中，更有可能展现良好表现。

情感不成熟者的情感吝啬可能还有其他原因。也许他们自己小时候就很少受到表扬，或很少见到他人相互鼓励的场面。他们的内心深处可能充斥着怨恨和沮丧。情感吝啬的情感不成熟者无法理解认可他人、让他人感觉良好意义何在。他们没有意识到，情感慷慨能让人们的生活变得更加美好。他们只有在被他人完全打动的情况下才能给出积极反馈。一些高动机人士也许仍能在这种情况下努力追求卓越，但大多数人只会灰心丧气。

接下来让我们看一看，你可以采取什么措施，从情感不成熟者那里得到令人满意的积极反馈。

策略

首先你要明白，并非所有人都能意识到你需要积极反馈。他们并非故意剥夺你的这种需求，他们只是不知道这对你来说多么重要。与其期望情感不成熟者自发变得和善亲切，不如主动将他们的注意力转移到你所喜欢的事情上。你可以礼貌而直接地请求得到他们的认可。如果情况仍未改善，你可以提议展开一次对话，讨论你希望得到怎样的反馈及其原因。向他们解释，为什么这种互动对你来说很重要，即便是片刻的认可也能让你对生活感觉更加满意。有些人需要你明确表达自己的需求，因此你可以尝试练习直接说出自己想要的东西。比如，你可以向他们解释，赞扬不一定需要辞藻华丽，一个简短的反馈也可以表达出，他们已经注意到了你的努力。

自我探索

想一想自己身边对你很重要，却很少称赞你的情感不成熟者。在你想从他那里得到积极反馈的时候，他通常会有什么反应？这些反应让你有怎样的感受？

如果有人对你的努力工作并没有给予赞美或认可，现在的你通常会如何反应？通常会采取什么行动？这样能获得你想要的结果吗？

◌ ◌ 提示 ◌ ◌

有些情感不成熟者在你表达对认可的情感需求时，会让你感觉自己很幼稚或者很贪心。他们常常用“你都已经是成年人了，不需要这种额外的关注”作为自己情感吝啬的借口。但事实并非如此，我们每个人都需要得到赞扬和欣赏，这不是孩子气的表现，而是社会生活中正常的互动交往。真正的问题不在于你对积极反馈的需求，而在于情感不成熟者需要与他人的情感需求保持距离。希望得到周围人的认可和善待，这是自尊的一种表现，而不是贪求，你不应该对此感到任何不安。

16

我容易感到内疚、自私、恐惧，充满自我怀疑

识破情感胁迫

尽管蕾娜已经30岁了，有了自己的家庭，但母亲朱莉娅仍然操控着她的生活，频繁上门探访。蕾娜来找我进行咨询的时候，已经开始觉得母亲对她的期望和控制过分了，自己有权过自己的生活。

蕾娜开始设定边界，不再跟母亲聊太多自己生活上的事情。她将给母亲打电话的频率从每天一次降低到每周两次。朱莉娅对此非常愤怒，指责蕾娜丢下她一个人，对她不管不顾，尽管朱莉娅有教会圈子和一些好友。每当蕾娜试图为自己辩护时，朱莉娅都会抛出另一项指责反咬她一口。蕾娜说"我跟我三岁宝宝的沟通都比和母亲的沟通更顺畅"。

蕾娜下定决心和母亲划清边界，但这很难。她说："我感到很内疚。我知道我做得对，我得拥有自己的生活，但我不知道这样做值不值得。每当母亲这样说时，我都觉得自己很自私。我该怎

么面对这种内疚感呢？”

情感操控者会利用你对联结和安全感的需求，让你按照他们的意愿行事。这种情感胁迫既利用了你的爱又利用了你的恐惧，只要你还会关心他们，你就会受到影响，这在亲子关系中尤其明显。蕾娜希望和母亲保持联结，但不想被迫接触太多她不喜欢的东西。当她开始设定边界时，母亲会让她感到内疚、羞愧、恐惧、自我怀疑。蕾娜担心自己变得自私，要是母亲因此出了什么事，她会后悔自己现在的选择。

人们有时候会说，他人不能左右你的情绪。这话看似令人鼓舞，但在实际生活中无法成立。当他人想让你感觉不好时，即使你拒绝相信他们所说的话，他们的肢体语言、面部表情和语气语调也会影响你。非言语交流比语言交流更有力量。大部分人都会在交流过程中感受到情绪压力，无论他们是否相信他人所说的话。

和许多情感不成熟父母一样，在感受到女儿蕾娜正在逐渐摆脱自己而寻求独立后，朱莉娅也采取了情感胁迫手段。朱莉娅试图通过制造内疚感和羞耻感，来让蕾娜自觉担负道德责任。蕾娜可能在为朱莉娅多年前遭受的离弃和背叛承担责任，事实上这些都与蕾娜无关，她不应该因为想要独立生活而自我感觉不佳。

一些情感不成熟者在担心失去你时，可能会将手段从制造内疚感升级为直接威胁你，来保持对你的控制。比如，朱莉娅有时会哭着指责蕾娜不顾自己的死活，吓得蕾娜即使自己不情愿也不得不常去看看母亲。另外一些情感不成熟者则会利用恐惧——身体伤害、失去子女的监护权、失去工作，甚至是生命威胁，来影响你的安全感。无论是哪一种恐惧，都能让他们重新控制你。为了让对方不采取行动伤害自己，你可能会放弃独立的权利。

谈论自杀是一种特别有效的情感胁迫方式，能引起我们大多数人的恐惧。这类威胁极难应对，即使是心理治疗师也难以处理这类情况。但终有一天，你会做出决定，不再受这类暗示或公开威胁的控制。你会厌烦情感胁迫和内疚感，不想再和对方有任何关系。如果你确实需要跟这段关系保持距离，来安抚自己的情绪，那么你可以寻求警察或社区心理健康服务的支持，以应对家人的自杀威胁。

被控制了很长时间，你可能觉得自己有权利发脾气或反击，因为这会让你瞬间获得力量感。然而，这会让你深陷毁灭性的关系之中。和情感不成熟者争吵、发脾气，或者羞辱他们，可能激发他们的攻击性。因此如果对方状态不稳定，你应该尽量控制自己的这类反应。鉴于风险很高，务必认真对待他们的攻击性威胁，并保证自己的安全。直接向情感不成熟者表达愤怒并不是你获得自由的必要条件。你可以用冷静、中立的态度来维护个人边界。渐渐地，你会找到其他方式来脱离这种关系。自由源于内心，而不是由争吵得来的。

接下来让我们看一看，在情感不成熟者施加情感胁迫的情况下，如何发展出个体独立性。

策略

如果你愿意继续与情感不成熟者保持联系，那么你可以通过设定个人边界来协商重建关系，坚守个人边界是继续保持联系的前提条件。你需要频繁重申个人边界，并在摆脱对方情感胁迫的过程中，驱散自己的内疚感、羞耻感、恐惧感和自我怀疑。你一定会经历这一过程，做好面对这些情绪的心理准备。它们一直以来让你陷入困境，如果你不主动觉察并拒绝接受它们，它们就始终不会消失。

即使你的边界让情感不成熟者非常失望，你也要保持冷静自持，反复阐述自己的立场，鼓励他们寻求更多社会支持或心理治疗，而不是期望你做好所有的事情。你并不是唯一能够帮助他们的人，尽管长期处于情感胁迫中可能给你带来这样的感觉。你可以对他们说，如果他们不愿意改变，你们可能需要暂时中断联系，并且只有在他们能从其他人那里获得适当帮助，不再完全依赖你满足他们所有需求的时候，你们才能恢复联系。这是一个合理的要求，即使他们会将其歪曲为抛弃。但只要你不退让，他们最终只能选择接受。

自我探索

回想一段你对情感不成熟者设定个人边界后感到内疚的经历。是什么让你觉得自己做错了事？这种糟糕的感觉主要源自自己的良心，还是对方的反应？

想一想自己遭受情感胁迫的不同经历。是否有一种情感胁迫手段总是让你感到内疚、羞耻、恐惧、自我怀疑？（如果有，请学

会识破这种胁迫，未来免受它的影响。）

◌ ◌ 提示 ◌ ◌

在与情感不成熟者接触后，一旦产生内疚感、羞耻感、恐惧感或自我怀疑，就应该立即坐下来，全神贯注于每一种感受，将它们记录下来。把注意力集中在这些感受的强弱以及与之相伴的各种想法上，挖掘它们产生的真正原因（Gendlin，1978；Fosha，2000）。坦然面对不适情绪，充分探讨它们，你会发现这些只是童年经历所形成的条件反射。但是，如果你压抑这些感觉，它们就会继续暗中支配你，因被忽视而变得更加强大。

要知道，只有在人们不清楚真相时，情感不成熟者才会获得更多控制力。这对你自己深深隐藏的感受也适用。给你的感受留出空间，让它们到达你的意识层面，接受它们提供的情感真相。只有当我们害怕自己的感受、害怕煽动这些感受的人时，情感胁迫才会奏效。

他们总是显得道德高尚且“正义”

自恋型情感不成熟者和虚假的道义

自恋型情感不成熟者是情感不成熟者的一种亚型，他们会削弱你的个体价值感。自恋者具有一种独特的能力，即让你感觉自己很差，抹除你作为一个人的意义感，来凸显他们自己的权威。与自恋型情感不成熟者互动时感到自己很不堪是一种典型的体验。在与他们的任何交流中，他们要么抬高自己，要么贬低你，要么同时进行。不管是提高他们的自尊还是降低你的自尊，结果都是一样的：自恋型情感不成熟者通过构建一种由他们主导的关系等级来发号施令。

与其他情感不成熟者一样，自恋型情感不成熟者缺乏同理心，他们的自我中心程度要高于其他类型的情感不成熟者。自大使他们的应得感远超其他类型的情感不成熟者。他们认为自己高人一等、有权有势，他们的人际交往模式围绕着争夺地位和主导权展开。为了让自己感觉良好，他们会把你定义为任其施加意志的角色。

不仅仅是缺乏同理心，自恋型情感不成熟者对你的内心体验完全不感兴趣（Shaw，2014）。他们会默认你没有内心世界，没有自己的思想和感受。他们拒绝承认他人与自己是平等的，只是把你视为满足自己需求的工具，从不思考你有着怎样的人格。

自恋型情感不成熟者认为，自己对关系中的一切拥有最终决定权，因为他们从未想过你也有同样的权利。一旦你做出任何抵抗，他们夸张的优越感就会立刻显现。他们的恼火不仅因为你破坏了他们的计划，还因为你怀疑他们最根本的人际交往规则：应该尊重他们的意见，理所当然地满足他们的要求。

自恋型情感不成熟者会利用轻视和羞辱，让你因为没有顺从他们的意愿而无端感到内疚。他们用一种以自我为中心的愤慨，来暗示你有义务实现他们的要求，而且这种愤慨非常真挚，以致很多人都会信以为真。自恋者认为，无论自己提出什么要求，都应该得到回应，都是正当的，因为他们笃信自己是对的。一旦感觉有人向你强加道义责任，你就应该提起警觉，需要进一步评估对方是否可能存在自恋倾向。

自恋型情感不成熟者在失望时充满愤怒便能显现出他们有多么自私。然而，正是因为他们表现得道德高尚，同时谴责你的选择是自私的、不明智的，怀疑你的忠诚和道德品质，所以你很容易陷入自我怀疑。你甚至会因为自己有与其不同的价值观和视角而产生歉意。（自恋型邪教领袖正是利用人们这种对遭受评判的恐惧，来巩固他们的绝对控制地位的。）

自恋型情感不成熟者擅长让他人对建立个人边界感到内疚。他们大发脾气，再加上道德谴责，会让你感觉自己很渺小。自恋型情感不成熟者不是在表达个人感受（“我感到失望和伤心”），而是在做道德判断（“如果你是个善良的人，就不会这么自私。你就是个毫不关心他人的坏人”）。如果他们只是向你分享自己的感受，那么你们可以好好谈谈，也许还能找到解决办法；但当他们将你定性为坏人的时候，就如同把所有出路都堵死了。他们的子女可能内化这种充满道德感的说教，为自己拥有个人喜好而深感内疚。

接下来让我们看一看，应对自恋型情感不成熟者的一些策略。

策略

下次有人试图让你做自己不情愿的事时，特别是当对方冒犯你却令你感到内疚时，你要停下来仔细思考。要知道，表现得像是自己被冤枉正是情感不成熟者常常做的事。你要自行辨明自己是真的伤害了对方，还是仅仅触犯了对方过分的优越感。许多具有自恋倾向的情感不成熟者非常擅长造势，让你觉得自己只能选择顺从对方的意愿。你没有必要感到内疚，也不必陷入这种两难的困境，对方的喜好不能给你强加道德责任。

明确了解对方具体的要求。告诉对方你需要考虑一下，之后再给出答复。给自己一些时间和空间，冷静地判断自己是否愿意提供帮助，确认自己能够承受的程度。这样不仅保护了自己，也能避免你们的关系因为不合理的要求而变得紧张。在答复对方的时候，以你自身能接受的方式提供帮助，不要跨越自己的底线。如果你无法或不想提供帮助，可以和对方一起思考其他选择，但如果对方试图让你内疚，你要保持中立态度。预测到对方可能给你带来道德压力，迅速识破，拒绝上当。

自我探索

回忆一次经历，那时你因为没有按照某人的意愿行事，而感觉自己是个坏人。描述对方是如何做到这件事的，以及这对你产生了什么影响。

假设有人给你道德压力，让你做自己不愿意做的事。想象一下，你发现了这个危险信号，观察到自己的反应性内疚或羞耻，然后想象自己后退一步，告诉对方你需要考虑一下。你觉得这样做会让自己感觉如何？你希望自己有怎样的感受？

○ ○ 提示 ○ ○

在面对一个因为无法控制你而发脾气的情感不成熟者时，最好的反应就是不把他当回事。如果一个孩子噘着嘴说你是全天下最坏的人，你能马上明白，他所认为的现实完全受当下的情绪支配。试着用同样的方法对待自恋型情感不成熟者，坚守自己的原则和立场，保持客观，维持你感到舒服的交往程度。跟他们保持一定的距离，不受他们的愤怒和责怪的影响。你只要不把他们的道德判断当回事，就能遵从自己的内心前行。你不是坏人，不必受他们的审判。

18

父母的宗教信仰让我惶恐而自卑

寻找自己的宗教信仰或精神世界

戴夫的父亲是一位牧师，因此他们的家庭生活中充斥着祈祷、参与教会的社区活动等。他的父母将“上帝”的形象塑造为严厉的审判者和易怒的惩罚者，并根据教会的教义为戴夫铺设了一条狭窄的道路。那个教会不允许异议的存在，如果有人提出反驳，他就会被孤立，最终被逐出教会。

在之后的心理治疗中，戴夫逐渐认识到父母的情感不成熟，他的宗教观念也开始发生变化。他开始注意到，父母的宗教观念体现了他们自身僵化而狭隘的观念。他不禁思考，“上帝”难道也会像父母一样急躁和痛苦吗？这并不合理。抽身于父母僵化的想法之后，他发现自己很难信服一个还不如自己善解人意和富有同理心的“上帝”。

戴夫独立于家庭过程中一个最痛苦的部分，就是失去了精神世界的确定性和对“上帝”的亲切感。他感觉自己迷失了方向，无法重获他在家中和教会中经历过的那种安全感。即使在童年时期的戴夫心中的“上帝”似乎很喜欢评判他人，但戴夫至少感受到自己的信仰所带来的爱和庇佑的安全感。

美国人往往会通过习俗、信仰和社交规则来定义宗教，而精神世界则更注重直接的个人体验，比如直觉性认知和由敬畏引发的情绪状态（G.Vaillant，2009）。传统宗教强调信仰和行为准则，对应人类大脑中负责规则与边界的部分。而精神世界似乎源于负责情绪和直觉的脑区。

在美国，许多有自我意识与自省能力的人更注重个人的精神世界而非制度化的宗教信仰。他们和大多数人一样拥有自己的精神世界（Newberg and Waldman，2009），但更喜欢自己主动探索，而不是听别人说应该相信什么。相比之下，有宗教信仰的情感不成熟者可能更依赖高度结构化、等级分明的宗教组织，这能带给他们安全感和确定性。当然，许多人都可以在制度化的宗教团体中探索自身的精神世界，但对情感不成熟者来说，极为僵化而专制的形式特别有吸引力。

情感不成熟者会喜欢的一个宗教教义是，孩子必须牺牲自我、优先考虑他人，这样才能被视为好人。但孩子和成年人都会发现，这个世界上几乎没有纯粹的无私。这让他们感到内疚，尤其是在连维护正当利益都被视为罪过的时候。让易受他人影响的孩子以利他主义作为理想，超出了他们当下发育阶段的能力，这必然会给孩子带来挫败感。在这样的教导下，宗教信仰变成了一个遥不可及的目标，而非一个能够提供安慰的窗口。

戴夫最终意识到，父母没有为他搭建一个探索精神世界的可靠平台。他们的宗教信仰给他带来的是恐惧、自我怀疑和压力，而不是爱、信心和内在的支持。戴夫与父母的宗教信仰渐行渐远，在面对这种失落感时，也感到有些迷茫和不确定。他觉得自己几乎只能依靠本能和直觉来探索自己的精神世界。后来他松了一口气，因为他发现的另一个宗教团体让他通过祈祷和一些仪式来满足自己的精神世界需求，而不要求他顺从所有的教义，也不必面临被驱逐的结局。

如果童年时期的宗教信仰对你来说已经没有意义，那么戴夫的挣扎经历可能引起你的共鸣。接下来让我们看一看，一些帮助你主动探索自己精神世界的方式。

策略

如果你一开始就觉得自己有权探索和发现自己的精神世界，觉得自己可以更有力量感、更好地面对生活，那会怎么样？如果恐惧和内疚不再成为你生活的一部分，你会感觉如何？如果你的个性受到很多人的欢迎，那会怎么样？问一问自己，你需要从自己的精神世界中得到什么，明确自己对精神世界的个人体验如何。

你能让你的精神世界与其他自我层面一起成长吗？鼓励自己不断探索，而不是加强对自己的约束。事实上，你可能已经发现了解真实的自己、维护个人权利会令你的精神世界更丰富。

自我探索

现在，作为一个成年人，怎样的精神世界对你来说最有吸引力？你目前的精神世界如何支持你应对生活的困难、发展爱他人的能力？

○○ 提示 ○○

你有权探索自己的精神世界。找到一个友好并尊重你的精神世界的群体，让你拥有支持感，以自由而非顺从的状态探索你的精神世界。志同道合的朋友也可以将你的精神世界与情感联结起来。在这样的环境中，你的精神世界可能以一种新的方式出现，丰富你而非限制你。由于精神世界与积极而滋养的情感（如爱、信念、希望、敬畏）之间的关系十分紧密（G.Vaillant，2009），因此在生活中寻求更多的爱与同情、扩展社交圈，可能会为你打开一个反馈更多、矛盾更少的精神世界。

我被教导相信一些不真实的事情

自我批评反映了被洗脑的旧有影响

在工作中，邦妮是一个出色的问题解决者，但在家里，她会无情地批评自己，说自己“很笨”“粗心”“让人丢脸”。有时候这种自我批评特别严重，以致邦妮一连几天都感到沮丧。邦妮的自我形象被分割成两部分：一个是理性解决问题的成年人，另一个是一塌糊涂、什么事都做不好的人。当她自我批评的一面占据主导地位时，她会真的觉得自己犯了错误就需要无情的自我虐待。

像许多情感不成熟父母的成年子女一样，父母教会了邦妮如何自我羞辱，父母认为最好的教化方式就是对她的错误进行严厉的惩罚。他们经常告诉邦妮，她有多笨、多粗心，暗示她要是小心一点就不会犯错。邦妮对此并没有反抗，反而认同他们的评价。作为一个内化者，她总能找到自己出错的地方。邦妮会决心再也不犯同样的错误，尽力做到完美，不断向他人展现自己最好的一面。

神经科学家凯瑟琳·泰勒（Kathleen Taylor）在有关洗脑的著作中描述了孤立、控制、缺乏外部支持、无助感、自我意识和身份认同的崩溃会如何强化洗脑的影响。这些情况很好地描述了一些孩子与父母之间的脆弱关系。尽管大多数父母不会承认对孩子进行了洗脑，但像邦妮的父母那样专制的情感不成熟父母会不自觉地使用类似改造思想的手段来影响孩子。邦妮内化了父母的批评，决心要做到完美。她简直成了接受控制者信念的被洗脑者。接下来让我们看一看另一个例子。

每当桑德拉反抗或不顺从母亲的意愿时，母亲都会说她自私无情。有一次，桑德拉由于需要照顾孩子而没办法跟母亲去购物了，母亲当场就大发脾气："算了吧！你根本就不想跟我一起购物！你就是这么自私，从来都没爱过我！"

桑德拉只好安抚母亲，仍然陪她去购物。从小到大，桑德拉碰到了太多次类似的情况，她已经内化了一个观念——自己是自私无情的。这些毫无根据的指责完全渗透了桑德拉的心灵，让她无力招架。每当母亲发脾气的时候，她就自然而然地觉得自己是个坏人。

邦妮和桑德拉都知道，她们的母亲有时候就是反应过度，而且情绪失调，但这并没有改变她们内化批评的严重情况。母亲的过度反应产生了一种强烈的情绪冲击：让邦妮觉得，自己要是犯了错，就会变得毫无价值；让桑德拉觉得，自己只要有个人需求，就成了无情无义的人。这种强烈的情绪冲击也是强化洗脑影响的因素之一（Taylor，2004）。

为了接受洗脑，一个人需要内化控制者所传达的信息，这种内化更容易发生在高度情绪唤起的环境中。有什么能比作为一个孩子面对一个愤怒的成年人更让人情绪紧张呢？这就是父母的过度反应可能类似于洗脑的一种原因。

像邦妮和桑德拉这样的孩子逐渐学会了，一旦为自己的行为感到后悔，就条件反射式地展开自我攻击。首先展开自我批评的方式，可以避免招致他人更多的批评，还能增强自己的控制感。这种思维方式认为，如果你先展开自我批评，他人可能就不再批评你了。这不是一个健康的习惯，但对许多情感不成熟父母的成年子女来说，这比面对情感不成熟父母突然发脾气要强多了。

值得庆幸的是，情感不成熟父母普遍并没有洗脑的真正能力或意图。作为一个孩子，你并没有成为真正的被囚禁者。父母的行为不够有目的性，并不构成洗脑，而且你或许也有一些外部的支持。尽管如此，他们的反应可能还是根植于你的头脑，让你每天都要自我批评一下。

幸运的是，随着你的不断成长以及从他人那里获得更公平的反馈，你能够改变许多消极的、不准确的自我信念。在青春期晚期和成年早期阶段，有一段发展预备期，你会产生新的想法并重新审视自己之前所吸收的观念。你可能找到一位支持你的伴侣，或者总能看到你最好一面的好朋友。对许多情感不成熟父母的成年子女来说，当他们离开家，接触到更广阔的思想时，比如在读大学、旅行、工作的过程中，他们对自身价值的歪曲信念可能发生改变。

但即便你的世界扩大了，消极的自我信念也可能持续存在或重新浮现，特别是在与情感不成熟者的互动中。接下来让我们看一看以下思路，帮助你识别自我信念的来源，以及如何调整你的心态。

策略

首先，要摒弃这样的想法：自我感觉很差是有良心的表现。让你对自己感到糟糕和绝望的感受，并不基于事实，而是与痛苦的回忆相关，这些感受根本不是准确的。

在与情感不成熟者互动之后，如果你又展开了自我批评，那么请把脑中盘旋不散的自我信念记录下来。把这些自我批评落实到纸面上，这样你就可以更客观地审视它们。共情那个被迫相信如此令人沮丧的谎言的内在小孩，用你的成年人心智衡量这些信念，给出事实根据，证明这些信念并不属实。每天审视一遍这些信念，持续几周，直到你感觉这些信念开始动摇和改变为止。

你的父母可能对你很严厉，因为他们内心充满了恐惧。试着想象你就是当时的父母，凭直觉感知他们当时在害怕什么。想象你就是你的父母，完成下面的句子（Ecker and Hulley，2005-2019）：

> 我当时用______________批评你，因为我害怕______________（比如，我当时用厌恶的眼神批评你，因为我害怕你让全家丢脸）。

你的解读没有对错之分，关键是要了解父母的批评是否出于自我防御，是否客观合理。

你也可以试着写下一段对话——与批评和贬低你的那部分自我的对话（Schwartz，1995，2022）。问问它在表达自己的立场时为什么要如此刻薄地对待你。记录下它的回应，看看你是否同意。如果不同意，你可以问问它是否愿意尝试不同的交流方式。

你可以与好胜、批判的那部分自我进行合作，来逐步提升自我，而非自我毁灭。你可以问问它是否愿意以更体贴的态度来帮助你。看看它是否愿意把自己的角色转变为一位值得信赖的朋友或导师，一个真心希望你好，并温和地向你提供反馈的人。这个更有同理心的导师般的声音会以何种方式和你交流？[关于如何应对消极的自我部分的更多内容，请参阅理查德·C.施瓦茨（Richard C. Schwartz）的书《没有不好的你》(*No Bad Parts*)。]

以下是应对歪曲信念的一些其他技巧。

自我探索

在情感不成熟者的批评让你产生的歪曲信念或思维方式中，挑出两个写下来。比如：

1. 关于你自己的信念。

------

2. 关于世界或他人的信念。

写下替代性信念，来更新你上面提到的两个信念。

◌ ◌ 提示 ◌ ◌

你曾经相信关于批评你自己的内容，是因为有人经常批评你，或者总是带着强烈的情绪指责你。这些想法悄悄地钻入你最深层的自我担忧之中。然而，你可以同样使用重复和情绪投入这两种方式，来更新你的旧有观念。你不应该让情绪失控的情感不成熟者成为你构建自我概念的基础，也不必在脑海中留下他们的失控状态和愤怒的声音。从现在开始，把你的精力放在解决问题上，而不是继续用内化了的过去的声音来打击自己。

我过分介入了情感不成熟者的需要和问题

中止情绪接管与过度认同

当情感不成熟者让你更关心他们的感受而不是你自己时，情绪接管就会发生。之所以称之为“接管”，是因为他们无视你这个人，希望你随时能够满足他们的需求。当情感不成熟者遇到问题时，他们会让你感觉你应该马上放下自己的生活，给他们想要的一切。

情感不成熟者之所以能够施加情绪接管，是因为他们会让人觉得，他们的紧迫需求应该排在首位，你生活中的任何事都不如他们正在经历的事情重要。他们会传达出这样的信息：如果你是个好人，你就会毫不犹豫地满足他们的任何需要。他们认为你已经拥有了太多，不用付出什么就能让他们满意。简而言之，如果你不立刻提供帮助，你就是个冷血的人。

如果你在情感不成熟者身边长大，那么你的内心也很可能认同他们的想法。可是你要知道，他们情感不成熟的关系系统的核心目标是让你：稳定他们的情绪；维护他们脆弱的自尊。如果你不顺从他们的意愿，他们就会以暴怒或者崩溃来威胁你。他们痛苦起来就像婴儿一直哭闹一样，让你非常不安，只能用尽一切努力安抚他们。

当情感不成熟者被压力压倒时，他们会感觉自己遇到了重大危机。他们的情绪会被放大，问题也会被歪曲得比实际更严重，心理学家布莱恩·沃尔德（Brian Wald）称这为**“歪曲力场”**（**distortion field**），在这种力场中，一切看起来都比实际情况更糟糕。**情绪传染**（**emotional contagion**）会将你拉入他们的恐惧和无助之中，让你觉得必须立刻采取行动（Hatfield，Rapson，and Le，2009）！歪曲力场令你相信，他们的痛苦已经成为你生活中的紧急状况，你必须全身心投入为他们解决问题。在情绪接管的影响下，你和他们在情绪上融为一体（Bowen，1978），你也承担起随时营救他们的使命。

与情感不成熟者的情绪融合，就像全天候待命一样。你被期望做所有事情，只要这个正处于惊慌之中的情绪不稳定的人认为有必要。你得立刻解决问题，凭空想出解决方案。你感觉自己陷入了本想尽可能远离的情况。以理性回应、质疑他们、考虑替代方案、第二天再决定、搜集更多信息，这些在情感不成熟者看来都是毫无意义的拖延，他们觉得这些反应是无情且冷漠的。

然而，这些反应可能正是我们需要的。你不必将他们的紧急状况视为自己的问题。如果他们的要求让你感觉有压力，你有权停下来。压力应当作为一种信号，让你后退一步，深思熟虑一下。

过度认同情感不成熟者的痛苦或不安，是情绪接管的核心。

过度认同会让你将他人的痛苦当成自己的，甚至比对方更能感受到他的痛苦。比如，过度认同会让你因对方的经历而受尽折磨，你会想到对方多么难堪，多么无能为力，多么痛苦难过，等等。有些人对情绪的过度认同完全出自本能，觉得自己简直像接收无线电波一样，直接感受到了另一个人的痛苦。更可能的是，他们只是生动地想象着对方可能经历的一切。

比如，我的一位来访者描述道，在接到母亲的电话，得知叔叔去世的消息后，她一下子扑倒在地，大声痛哭。尽管她与叔叔并不亲密，但她还是感觉母亲的痛苦直接流入了自己的内心。另一位来访者，一个年轻人，当他的父亲在一次亲友聚会上尴尬地跌倒时，他感到羞愧难当，他后来一想到父亲当时多么难堪，就会不由自主地哭泣。这些成年子女与父母之间的边界异常模糊，他们觉得忠诚和爱的唯一表达方式就是对父母的痛苦感同身受。他们通过过度感受父母的体验、过度施加同理心来向情感疏远的父母表忠心。

无论出于什么原因，过度感受他人的痛苦都可能对你产生消极影响。你可能觉得，接管他人的痛苦是在表达爱意，但由于过度感受需要极度夸大的同理心，因此你实际上比对方更痛苦。过度放大的想象出的痛苦会让人失去健康的同理心。

如果你常常进行情绪接管、过度感受他人情绪，请马上停止这一切吧。你不必深陷情感不成熟者的感受中，以致迷失自我。过度卷入他人的痛苦对他人一点帮助都没有。真正的关心和安慰并不需要情绪融合和自我牺牲。接下来让我们看一看，如何防止这些情况发生。

策略

情绪接管始于你与情感不成熟者之间的一种默契，即他们的感受比任何人的都重要。以下是规避情绪接管的几个步骤：

1. 首先你要明白，自己的感受和幸福与他们的同样重要。你们都是成年人了，双方的需求都很重要。

2. 当你开始觉得他们的问题很紧迫，你因此感到恐慌时，请观察自己的反应。冷静一下，与这种反应解离。试着恢复客观和平静。你要始终明白，最终要负责任的是他们自己。

3. 如果你愿意的话，可以先安抚他们一下，请他们给你时间思考问题。等你重新找回对自己生活的掌控权后，再回应他们。

4. 确保自己的回应可行，你也对其满意之后，再和他们联系。情绪接管的神秘力量在于，情感不成熟者总是把他们的问题表现得特别紧迫，让你没有时间思考。与其陷入他人的混乱之中，不如请他们耐心等待，让你尽可能将他们所提要求的各个方面考虑清楚。等你回应他们的时候，他们可能已经求助其他人了。只有在他人毫不犹豫地陷入自己的问题时，情感不成熟者才会对这种情绪接管感到满意。

除非你同意情感不成熟者的感受确实比任何事情都重要，否则过度感受无法持续。当你开始想象他们痛苦的每一个细节时，要捕捉到自己的反应，有意识地减少这种想象。提醒自己："这并不是发生在我身上的事情。我可以关心他人，但不必把这变成自己的痛苦。"与他人的情绪融合是不健康的，一位来访者把摆脱情绪融合描述为"在自己内心找到边界"的过程。

过度感受并不是爱的证明，而是表明你过分陷入他人的生活中，而且已经达到不健康的程度。适度的同理心就能表达你的关心，你无须试图对他人最深的痛苦感同身受。

自我探索

请回想一次你被情感不成熟者的情绪接管困扰，过度感受他们的体验的经历。详细描述一下你当时的感受。

如果你早一点了解情绪接管、歪曲力场和过度感受，你在回应情感不成熟者时会有所不同吗？

○ ○ 提示 ○ ○

让情感不成熟者按照自己的方式来感受痛苦即可，感受他人的痛苦不是你需要承担的责任，也没有人有义务这么做。你可以用爱和忠诚来关怀他人，但不必让自己筋疲力尽。你可以对他人施加同理心，但不必把治愈他人过去所有的痛苦视为自己的责任，这简直是件不可能完成的任务。

跟他们在一起时我无法思考，我满心疑惑、语无伦次

消除思维混乱

凯琳以为自己已经准备好与父母见面了。她知道他们不会赞成她换工作的打算，但她已经准备好了谈话内容。她不想瞒着他们换工作，准备进行一些设定自我边界的尝试。她以为自己已经做好准备，应对家人会抛出来的一连串建议。

然而，当凯琳从父母家回来后，她感觉自己被彻底击败了。父母对她的计划感到震惊，她原本要设定的自我边界也未能成形。她后来只能一直倾听父母的担忧，他们说得越多，凯琳的不确定感和自我怀疑就越发强烈。现在她为自己任凭他们摆布而生气。

“我没能好好应对他们，真是丢脸死了，”凯琳说，“我无法把注意力放在我想要和需要的东西上，我没法跟他们交流，这感觉像是所有人都不明白我为什么要这样做，他们把我弄得晕头转向，我甚至没办法思考。我的大脑一片空白，什么话也说不出来。”

凯琳的这种困惑与她的父母有不可分割的关系："如果有人告诉我我做错了什么，我就会默认他说的是对的。我被规训成，总是觉得自己做得不对。"

凯琳注意到，当自己试图与难相处或专横的人交流时，就会出现这个问题。虽然她提前准备好了应对父母的方式，但真的和父母面对面交流时，她还是会感到手足无措、满心困惑。她觉得这是自己最大的弱点，感到非常沮丧。

你或许也像凯琳一样，在试图与情感不成熟者聊重要事情的时候，会出现心理治疗师珍妮·沃尔特斯（Jenny Walters）所说的"思维混乱"（brain scramble）的情况。任何试图向情感不成熟者表达自己观点的人，都可能从类似的遭遇中感受到，自己在沟通上很失败。问题并不在你，而在于情感不成熟者，他们没兴趣倾听或回应你的想法。

如果你说的是情感不成熟者不感兴趣的内容，他们就会否定你的"事实"。这是他们最常用的全能的防御方式，能为他们维持安全感和掌控感。对凯琳的父母来说，凯琳要换工作的消息不是一个需要接受的事实，而是一件需要否定和质疑的事情。情感不成熟者对你的内心世界和主观体验并不感兴趣，他们没有动力理解你。他们的想法很简单（他们只会考虑"这对我有什么影响？"），他们只关注当下的情况让自己感觉如何。他们可能把对你的拒绝伪装成对你的关心，但本质上他们是在抵制自己不喜欢的变化。

当你和情感不成熟者谈论你真正关心的事情时，情感上的亲密也会让他们感觉不舒服。这对他们来说太过亲密了，他们一感受到你的真诚和情感，就会后退一步。他们不会听你把话说完，只会抓住所有支持自己观点的内容，而忽略其他所有东西。你之所以感到困惑，是因为你以为自己说得很直接、很清楚。但他们的回应其实更基于自己的焦虑和担忧，而不是你所说的内容。

当你试图进行真诚交流，但情感不成熟者却顾左右而言他时，你会感到束手无策。你不知道下一步应该怎么做，要重新说一下自己刚才的话吗？要试着弄清楚他们在说什么、为什么这么说吗？还是要试着找到一种方法，将他们的回应和你原本要说的内容联系起来？实际上没有最佳答案，因为他们以自我为中心的反应既不符合逻辑，也没有任何意义。这会让你感到困惑和自我怀疑。但这并非你的弱点，而是情感不成熟者所引起的混乱。

情感不成熟者不合逻辑的突然发问会扰乱你的思维。当你想要弄明白他们的意思时，就会陷入更深的困惑。此时的错愕状态正是他们控制你、向你提建议的最佳时机。你一旦失去平衡，便成了他们的听众，开始听从他们的指引。他们并非刻意密谋要对你施加心理控制，而是他们一旦感到不安，他们无意识的情感不成熟的防御机制就会启动，扰乱你的表达。他们会自动破坏任何会将他们带去不喜欢的地方的互动过程。

你很难与不想倾听和理解你的人交流，也很难与明显不愿接受你观点的人聊到一起。如果你是一个寻求紧密情感联结的人，你会努力捕捉对方的眼神接触、表示同意的姿势、困惑的表情，以及对方试图理解你的任何迹象。然而，当情感不成熟者似乎注意力不集中、不感兴趣、不赞同你的观点的时候，你很容易失去动力，思维也开始混乱。你常常还没把话说完就觉得自己遭到了反对，难以想起自己原本要表达什么。

凯琳遇到了难题，是因为她把自己的决策权给了家人。她以为自己的明确态度能够抵挡家人的反对，因此耐心听取了他们的意见。遗憾的是，她忘记了，自己有权利不与他们讨论自己的决定。与其试图向父母做出解释，不如随意且简要地告诉家人自己换工作的决定，同时明确拒绝讨论或反馈。她可以在一个中性的场合告诉他们这个消息，比如餐厅，那里不会给人被束缚的感觉，她可以说明自己已经下定决心，不用再讨论这件事了，说完就可以转移话题。如果父母还是坚持要讨论这件事，必要时她可以选择离开。这样可以帮助凯琳规避父母歪曲事实的言论，也不会让她觉得必须认真处理父母的反应。她可以用这种方式让父母知道自己的近况，又不必听取父母的评判。

接下来让我们看一看，如何避免思维混乱和沟通无法取得进展的情况。

策略

不要试图从胡言乱语中找寻意义。你很清楚自己说了什么，也知道情感不成熟者的回应与你所说的毫无关联。留意他们的策略，但不必试图纠正它。意识到自己正被引导进入思维混乱的状态，不必试图理解他们为什么要这么做。你只需要坚定自己想要表明的立场，用简洁、清晰的话表达出来。不要让自己卷入你不想讨论的话题。

与其设定开放式结局，不如带着明确的计划来应对交流困难的情况。准备好应对回避亲密和情感胁迫。不要试图让他们明白你的想法，来“获得胜利”，也不接受进一步的讨论或反馈。以轻松而中立的态度说完自己要说的，而不期望得到有益或有帮助的回应。如果与情感不成熟者的沟通限定在简单的事实层面，会让人感觉没有那么困惑或受伤。

自我探索

当你和情感不成熟者交谈时，你是否经历过思维混乱的情况？描述一下当时的情景，他们做出了什么反应，是什么让你忘记了你原本想说的内容？

如果将来你有重要的事情要告诉情感不成熟者，你将采取怎样不同的做法？现在你已经了解思维混乱这个情况，你未来打算怎么做？

提示

试图说服情感不成熟者或者与他们争辩，最容易让你陷入混乱。请做好准备，他们会让话题从你身上转到自己身上。如果你清楚自己想做的是告知他们重要的事情，而非说服他们，你就能传达任何信息。寻求他们的建设性意见或认可仍是一件比较遥远的事情。

22

我无法对抗他们，他们总是胜利者

识别“自我挫败四骑士”

亚伦是一位年轻的律师，他所在的律师事务所里有一位难相处的上级。他并不想抱怨什么，但这位上级总是占用他的时间，他不得不做很多额外的工作。另外，这位上级非常挑剔，以致亚伦最终请求调职，这引起了上级的反感，亚伦一直感觉自己被他欺负。亚伦开始感到郁闷，来向我寻求心理咨询。

亚伦的工作经历让他想起了痛苦的童年记忆，那种情感上的孤独和无助的感觉逐渐侵蚀他的内心，让他绝望得想要放弃一切。我问他当时为何不寻求外界帮助，亚伦说：“我实在想象不出我去寻求帮助的情景。好像我当时觉得‘没必要多此一举’，我只会自己崩溃，然后想办法安慰自己。”

我想告诉亚伦，他应该更早寻求帮助，他的不作为持续加剧了他的痛苦。然而，亚伦的困境深植于童年时期的情感不成熟关系，但实际情况更为复杂。亚伦之所以一直处于被动的状态，是因为他的情感不成熟父母在他很小的时候就告诉他，期望得到他人的安慰和帮助就是徒劳：

- 没有人会注意到你的痛苦，因为没人会关心你的情绪状况
- 处理自己的痛苦情绪是你自己的责任
- 寻求外界帮助会让你感觉更糟，因为你会对自己的抱怨感到羞愧和软弱
- 如果你索取太多帮助，人们会觉得你是个爱发牢骚的人，想要躲开你

情感不成熟父母的成年子女已经成为一个标签，在工作和人际关系中很容易受到剥削，因为他们往往缺乏健康的权利意识，这种意识推动一个人说出自己的需求。如果你是这样的人，你会担心自己的需要麻烦他人。当你想要抱怨一下，甚至只是提出必要的问题时，你可能总是得鼓起勇气。简单来说，你担心自己的请求会招致他人的鄙视或嘲笑。

你可能常常陷入自我挫败的自动反应中，而不是说出自己的需求。我称这些反应为“自我挫败四骑士”：被动、疏离、僵化、习得性无助。你可能已经内化了这些应对方式，因为你像亚伦一样，主动尝试让自己感觉更糟而不是更好。

我们仔细了解一下这些应对方式，看看你能否识别其中一些。

被动（passivity）是一种觉得顺从他人更容易一点的感觉。习惯优先考虑他人的人往往会发展出这种应对方式。当你还是孩子的时候，你无法对抗情感不成熟者，他们很容易迫使你顺从他们的愿望。你积极、自信的本能受到压制，内在产生冲突，让你感

到焦虑而非做出行动。有些孩子会反抗并抵抗父母的要求，但像亚伦这样敏感的内化者更有可能退缩，试图自己解决问题。被动可以让他们避免与专横的情感不成熟者发生冲突。

疏离（dissociation）是一种比被动更严重的防御机制，因为它会让你疏远自己。它通常开始于一次令你难以应对的困境，在尝到它的甜头之后，你就开始频繁使用它。疏离会让人产生灵魂出窍甚至失忆的体验，通常表现为走神、用食物/药物麻痹自己、感觉空洞、没有存在感。疏离也会让你总是心不在焉，无法融入周围的环境，感觉自己处于虚拟现实中。你难以感受到自己的反应，开始成为自己生活的一个观察者。

疏离更像是一种心理上或精神上的恍惚，而僵化（immobilization）与此不同，它是一种无意识的全身性关闭反应。当你感到生理上“吓呆了”或者僵住了的时候，就会发生这种情况。这就像是鹿在车灯前的那一刻，它被震惊得无法做出反应。在面对致命威胁时，人和动物都会产生这种古老的自主神经系统反应。可见心烦意乱的情感不成熟者就是让孩子如此惊慌，以致触发了孩子的这种反应。

最后，习得性无助（learned helplessness）（Seligman，1972）是一种心理状态，来源于反复出现的无法避免的事情，这些事情教会动物和人类放弃是唯一的选择。有趣的是，动物和人类不需要刻意训练就会产生无助感；在持续的逆境中，他们会自发产生无助感（Maier and Seligman，2016）。这意味着无助感可能是对长期痛苦的一种自然反应，不受我们的控制，比如在我们长期受情感不成熟者掌控的情况中。因此，我们更有理由同情自己，明白自己的无助感是无意识地产生的，不是个人的问题。

接下来让我们看一看，在与情感不成熟者交流时，你可以采取哪些行动来克服自我挫败。要知道，在你更主动地为自己争取利益的过程中，慢慢来会比较好。

策略

在与情感不成熟者的交往中从被动走向主动，这是一个持续的过程。不要觉得你必须一次性地对情感不成熟者进行反击，他们不太可能对你这样的努力给出建设性的回应。试图跟他们友善相处就像想把果冻钉在墙上，他们不会接受你的观点，而且会避开你为得到自己想要的回应所做的最大努力。与其想要引起他们的注意，不如弄清楚你在这段关系中能够控制的部分，争取收获最好的结果。比如，亚伦在意识到上级会继续剥削他之后，他本可以向其他的高级合伙人寻求支持，或者去人力资源部举报不健康的工作氛围。亚伦能做的是寻求外界帮助，但不是让上级关心他的感受。

当你感觉自己开始走神或者变得僵化的时候，请走到一个私人空间，有意识地进行深呼吸，关注自己身体各部位的感觉，交替收紧和放松你的手臂和手。这种身体觉察能够让你与自己保持联结，摆脱疏离。与自己重新建立联结，保持身体的存在感，可以帮助你逐步摆脱被动和疏离的习惯，这样你就可以在需要时更主动地照顾自己。

你不必成为行动上的超级英雄。重要的不是你说出自己需求的力度，而是你愿意将这些需求重复说出多少次。即使是看起来微不足道的行动也有助于带领你去往想去的地方。重复说出自己的需求，直到你感觉已经表达清楚为止。提前做好计划，然后执行，只是不要期望在过程中说服或改变情感不成熟者，这是连超级英雄也难以做到的事情。

自我探索

在你的生活中，哪些人让你感觉无力或无助？他们是如何让你陷入被动状态的？描述一下，哪些行为最容易让你变得被动和犹豫不决。

被动、疏离、僵化、习得性无助，其中哪一种防御状态对你来说最为熟悉、问题最大？描述一下这些自我挫败的习惯是如何影响你的生活的。

○ ○ 提示 ○ ○

只有当你的内心目标不明确时，情感不成熟者才可能击败你。做自己不一定要咄咄逼人或令人敬畏，只需要在他人向你施压时，做真实的自己。确保自己留意到每一次主动坚持自己立场的情况，多多表扬自己。最好在日记中记录这些时刻，因为它们很容易被忘记。减少与自我挫败四骑士相处的时间，你就会有更多时间追求自己内心的目标。

我太生他们的气了，总是想起他们的所作所为

挥之不去的愤怒和憎恨

情感不成熟者往往会激起他人的愤怒。有时候他们的冷漠会让人愤怒至极，久久挥之不去。

我们很容易理解为何情感不成熟者会引发他人的愤怒；愤怒是对被忽视、被贬低、被否定、被控制的自然反应。当情感不成熟者不想听取你的观点、试图指导你的人生，或者无视你的意愿时，你自然会感到生气。当他们不尊重你的边界，一次次强行表明自己的立场时，尤其会激起你的愤怒。

情感不成熟者也会诱导你承担他们自己未化解的愤怒。比如，他们可能做一些让人特别生气的事情，但保持一脸无辜，表现得好像问题出在你身上。前一章所提到的亚伦的上级就是这样。他理直气壮地合理化自己的欺凌行为，说自己是在为亚伦提供必要的训练，他肯定不会承认自己生过亚伦的气。然而，亚伦内化了上级否认的愤怒情绪，就像是被情境激怒了。这种人不停按下你的情绪开关，直到你们发生冲突，但他们根本意识不到自己的愤怒。如果你没有意识到，他们通过激怒你来把他们否认的愤怒投射到你身上，你可能就会不自觉地成为他们的对立面，而没有意识到你已经“接住”了他们的愤怒。

如果你在与某人的交往中止不住地生气，那么你需要思考一下，对方是否在潜移默化地引导你承担和表达他们未释放的愤怒情绪。这就是投射性认同（projective identification）的过程（Ogden，1982），即人们无意识地诱导他人承担被自己否认的感受和愿望。这是未解决的情绪问题在家庭代与代之间无意识转移的一种方式（Bowen，1978；Wolynn，2016）。

除了这些心理层面复杂的愤怒来源以外，还有更明显的原因。当专横的情感不成熟者拒绝尊重你的精神自由和情感自主（emotional autonomy）时，你特别容易被激起愤怒。他们不仅会批评你的行为，还会直白地告诉你应该怎么想、怎么感觉。

情感不成熟父母常常限制孩子的精神自由，用指责、羞辱、道德审判（比如“你竟敢这么想！”）来管控孩子的思想，从而激起孩子的愤怒。有些情感不成熟父母甚至利用宗教禁令来约束他们的孩子。比如，告诉孩子，有憎恨和愤怒的想法就和伤害他人一样不道德。这样的管控不仅无法帮助孩子处理自己的各种感受，还会让他们不得不控制突然冒出的更多想法。生活在这种不合理的期望之下，孩子会感受到更多的压力和愤怒。

情感不成熟父母还会通过限制或惩罚孩子表达任何感受，来干扰孩子的情感自主。这些父母这么做是因为，他们自身厌恶强烈且真实的情绪（McCullough et al.，2003）。此外，情感不成熟父母对情绪压力的容忍度很低，如果孩子的痛苦、悲伤甚至欣喜若狂让他们感到压力过大，他们就可能对孩子发火。相比之下，在更有支持感的家庭中，父母对孩子的关注和同理心会让孩子的情绪更为稳定，即使在伤心的时候也能拥有安全感（Winnicott，2002）。而情感不成熟父母只会让事情变得更糟，他们会压制和惩罚孩子的情感表达。结果，孩子不仅感到痛苦，还感到不安全、被误解、愤怒。

与愤怒相生相伴的可能还有憎恨，这种情绪与愤怒“亲如兄弟”，是人在遭遇不公平和无情的对待时所产生的自然反应。然而，对家人的憎恨，即使是无意识的，也会激起原始的内疚感。孩子们会单纯为自己有这种情绪而感到内疚，因为他们不知道，憎恨是一个人在感到被控制或被强迫时的一种自然反应。

当我们无法安全地表达对某人的愤怒时，它可能会转向自我，表现为自我批评甚至自我伤害。这种自我攻击为愤怒提供了出口，同时隐藏了愤怒的原因。内化型的、情感不成熟父母的成年子女会将愤怒和憎恨直接发泄在自己身上，而不是面对那个令他们沮丧或恐惧的人，这样会让他们感到没那么内疚。

沉浸在愤怒中只会让你们之间的关系更紧密，而不是为这段关系松绑。在面对情感不成熟者的时候，如果你仍会深陷愤怒之中无法自拔，就意味着你仍然与他们紧紧地捆绑在一起。你的愤怒会让你每天对他们做出多次反应，就好像你仍在与他们的控制做斗争。你已经是成年人，他人没有权利控制你，但你旧有的愤怒之中也许隐藏着担忧，即害怕他们再度控制你。幸运的是，只要你不在无意间配合，他们就无法再控制你。

如果你对情感不成熟者仍然感到愤怒，可能是因为你还是想要通过愤怒迫使对方与你建立更真实的情感关系。也许你在内心幻想，自己的愤怒会促使对方反思自己在这段不和谐关系中的表现。愤怒其实是一种自相矛盾的方式，让你跟对方保持距离，却觉得仍在和他纠缠不清。

另外，你的愤怒可能基于这样的信念，即情感不成熟者做出改变的可能性很大，然而实际上并非如此。你的愤怒表明，如果他们不那么固执，他们就能改变。这种愤怒其实是在高估他们。更可能的情况是，情感不成熟者是自我防御强、同理心弱、内在问题根深蒂固的人，他们可能永远无法给你想要的理解。对于这样的人，保持愤怒比接受他们难以成为有深层情感交流的成年人更容易。

接下来让我们看一看，在日常生活中，如何处理自己对情感不成熟者所产生的愤怒。

策略

下次当你想到情感不成熟者而感到愤怒时，想象一下来自你的某个自我，它试图保护你，只想让你过得更好（Jung，1997；Schwartz，2022）。想象你正在采访这个自我，试图理解它。你可以自言自语，也可以大声说出来，或者在日记里记录你们的对话。

表达对这个愤怒自我的好奇，邀请它像另一个人一样与你对话。向它提问，而不是试图引导它做出回答，从而增进对自己的了解，也许这样你就会明白你为什么这么生气。这样的内心对话能够让你接近自己所有的感受，而不仅仅是愤怒。

理解自己愤怒的各种原因之后，你可以问问自己还需要多长时间消化这种情绪，它的力量能否转化到其他能给你带来满足感的事情上。

自我探索

在你成长的过程中，你的家人对愤怒或憎恨持有怎样的态度？他们期望你压抑这些情绪，还是为你提供一些指引？当你感到愤怒时，你的父母会教你怎么做？

回想一次你对某人生气很长一段时间的经历，他做了什么让你如此生气？你当时希望他如何回应你的愤怒？你希望你的愤怒如何影响他？

◌ ◌ 提示 ◌ ◌

在某个时间点，对自己的愤怒进行一次清算，即弄清楚它是否在服务于某个目的，有没有干扰你的生活？运用上文提到的策略，弄清楚除了愤怒之外你内心还有哪些情绪。在弄明白愤怒的原因之前，不要试图消除它。如果你需要保持愤怒，就有意识地享受它带来的力量，直到你找到更有益的方法来消化这种情绪。随着你越来越感受到自己作为独立个体的权利感，你可能发现，你不再那么需要愤怒了。

之前的恋情都令我失望，之后我该怎么做

寻觅情感成熟的伴侣

也许对于情感不成熟父母的成年子女来说，最严重的关系障碍是对单向关系的过度容忍。他们不会寻觅一位能够理解自己、提供情感支持的、温柔而有趣的伴侣，相反，他们会被那些还没有发展出完整自我、不会主动为他人着想或进行深入情感交流的人所吸引。许多情感不成熟者的成年子女可能会维系这样的关系，希望生活的进程（比如结婚、生孩子、买房等）会给两人带来更成熟和更紧密的联结。然而，除非当事人本身有所成长，否则更多责任的降临不太可能真正改善关系。

如果你在以自我为中心的情感不成熟者身边长大，你很可能觉得自己需要在人际关系中付出许多情感劳动。比如，你可能要通过协调沟通、发起讨论、改善关系来弥补伴侣的情感不成熟。在这样做的过程中，你在这段关系里默默地承担起成年人的责任。然而遗憾的是，你为另一个人的成长承担了太多的责任，甚至可能逐渐失去自我，这很容易成为一种过分依赖的关系模式（Beatty，1986）。

你是把令人失望的行为看成一种警告信号，还是一种要接受改造的邀请？你希望教会你的伴侣什么是同理心，并指导他们在情感上负责任吗？你从哪里学到经营关系是如此辛苦的工作？

如果你过去的恋情未能令你满意，那么下次如何做出正确选择呢？一个好的开始是，注意一个人如何对待你，特别是在压力情境下。

这听起来很简单，但如果你是和情感不成熟者一起长大的，你早就被规训得忽略他人是如何对待你的。难相处的人很早就表现出他们在同理心、情感亲密、冲动控制、抗压能力、对边界的尊重等方面的问题。不幸的是，如果你认为这些缺点是可以容忍的，你就不会觉得这是他们根深蒂固的行为模式。当我们关注伴侣的潜力而不是他们的实际行动时，我们就只会看到我们想看到的，把其他一切都强行关联起来。

在关系的某个阶段，情感不成熟者通常会做出一些令人痛苦或排斥的事情，无法给出合理的解释。这时你会感到难以置信、异常愤怒，无法接受对方这样的表现。对方可能早就让你察觉到，你们的关系并不和谐，或者逐渐对你失去了兴趣，但如果你在没那么和谐的家庭环境中长大，你可能不会觉得这是足以导致分手的理由。相反，你可能宿命论一般地接受：恋爱往往需要付出许多努力，常常是不快乐的。在令自己不满意的关系中坚持下去似乎也很英勇，这正是从与情感不成熟父母一起度过的童年中得出的结论，合理却不正确。

但你有选择。不如从一开始就看重潜在伴侣身上的情感成熟特征。

总的来说，情感成熟者喜欢与他人建立快乐的联结，既不过分依赖也不疏远。他们富有同理心，必要时能为他人着想，但同时维护自己的尊严和需要。他们有足够的自我反思能力，对自我成长与改进感兴趣。他们肯定无须你长期的关注，也能保持自尊和情绪的稳定。

接下来让我们看一看，有什么更具体的方法能识别优质的伴侣、规避情感不成熟者。

策略

考虑一下关于潜在伴侣的以下几个问题：他友善吗？他对他人有同理心吗？他会尊重他人的边界吗？当你说话时，他会饶有兴趣地倾听吗？他所给出的回应让你觉得他听懂了你的观点吗？他是否记得你说过的话？他是一个讲求公平和互惠的人吗？他在应对挫折时心态怎样？这些都是基本的体贴行为，但情感不成熟者很难做到。

尊重边界是一个特别重要的特征。如果你告诉对方你不想做某件事，他会努力说服你做这件事吗？如果你设定了一个边界，对方会接受它还是挑战它？如果对方没有得到自己想要的东西，他会闷闷不乐还是优雅地接受这件事？他会通过对你的选择进行心理分析而让你怀疑自己吗？他是否表现得比你更了解你自己？如果是这样，对方所具备的就不是洞察力，而是控制欲。

当你说话的时候，他会对你的看法感兴趣，还是会在否定你观点的同时强调自己的观点？当你们之间出现分歧或争论的时候会发生什么？你们之间的沟通是否仍然清晰而直接，没有变得咄咄逼人或充满侮辱？不管对方是否同意你的观点，他是否在一直努力理解你的观点？

对方有趣吗？他给你的生活增添了乐趣吗？你觉得和他在一起很有活力吗？他热情支持你的梦想和抱负吗？他是否接受你所需要的快乐，即使与他的兴趣点不同？他能够有意识地回应你的亲密需求，珍惜这些微小但意义深长的联结吗（Gottman And DeClaire，2001）？

这个人是否拥有足够成熟的应对机制？比如，他是否拥有笑对挫折的幽默感？他能够客观看待自己，还是觉得自己总是对的？他的性情是否容易相处？如果他没能得到自己想要的，他会变得易怒、充满敌意、不合作吗？他能否客观、灵活、关注事实，还是在遇到质疑时会以讽刺或贬损的态度应对？他能很好地控制自己的情绪，还是很容易生气或沮丧？

你了解他过去的亲密关系吗？其中有很多戏剧性的事件吗？他的人生故事中充满了坏人吗？他还在谈论他人是如何冤枉自己的吗？他是否总是拥有充满冲突的或者受害者化的关系模式？他与自己的孩子和同事相处得如何？

最重要的是，和他在一起你会感到放松吗？你是否有安全感和被看见的感觉？在他身边你能完全做自己吗？你是否感到你可以触动对方的心灵，并在真正重要的时候得到对方的理解？你有没有见过他面对真正压力时的样子？即使你们没有在一起，你是否仍会欣赏他处理事情的方式？

尽管你有时候会感到孤独不安，但你并不是一个渴望被收养的弃婴，也不是一个有人关注便心存感激的不受欢迎者。你是一个有独立辨别能力的成年人，能够为自己挑选共度美好时光的朋友。

自我探索

回想你曾经拥有的一段美好的人际关系，对方可以是你最好的朋友或者曾经的恋人。对方的哪些品质让这段关系对你来说如此美好？

回想你的一段亲密关系，你必须非常迁就对方才能维持这段关系。描述一下，在这段关系中，你在哪些方面承担了过多的责任，而对方没有展现同等的责任感。

○○ 提示 ○○

令人愉快的伴侣可能与你在性格上截然不同——异性相吸，但这些差异应该是互补的，而不是互不相容的。要评估一个人的情感成熟度，就要从一开始就表明你的喜好和需求。让他们面对真实的你，看看你的感觉如何。警惕自己任何被动、过分表现、过度迁就他人的举动。这段关系应该从一开始就让人感到轻松和平等，双方都表现出对彼此的关怀。

真正了解一个人的唯一方法就是与他共处足够长的时间，观察他如何应对压力和挫折。留心这些方面，因为有一天他可能会以同样的方式对待你。

如何确保自己不成为情感不成熟父母

了解自己，为成为情感成熟的父母做好准备

担心孩子觉得你是情感不成熟父母，说明了：（1）你在考虑孩子的感受，因此你并非完全以自我为中心；（2）你在进行自我反思，承担为人父母的责任；（3）你对孩子的感受抱有同理心。

仔细倾听情感成熟的父母谈论孩子，你会发现，他们所描述的是一个他们已经全面了解的个体，有自己的感受和需求。相比之下，情感不成熟父母更可能零碎地、浅层地描述孩子的各种特质，关注他们的行为、外表、成就或问题，用“好”或“坏”来勾勒孩子的形象。

父母对孩子体验的敏感认知，是亲子之间健康依恋的基础（Ainsworth，1982；Winnicott，2002）。情感成熟的父母关注孩子独特个性的发展，而不会期望孩子成为自己的翻版。他们也意识到，孩子需要父母的关怀与回应，而不仅仅是生理上的照料与保护。

处理好自己的童年问题之后，你才更有可能与自己的孩子建立安全的依恋关系。然而，如果你否认自己过去的真实情感，它就会在潜意识中占据你的一部分资源，让你难以全情投入对孩子的关怀中。被压抑或否认的感受会削弱我们对他人的敏感度和同理心，因为我们切断了与自己内心真实情感体验之间的联系。

怀着同理心回顾自己的童年经历，也能让你增强对孩子的敏感性和同理心。通过分析父母的行为对你产生的影响，你可以独立于父母，为自己建立为人父母后的个人信念和优先事项。你越能够意识到情感不成熟的行为是如何影响你的，你就越不会盲目地重复过去的认知和行为模式。

遗憾的是，有时候我们很难抵抗童年旧有模式的侵袭。你内心可能残留着对情感不成熟父母旧有育儿模式的依恋。在压力之下，你可能发现自己会像父母一样，因为一些微不足道的事情对孩子发脾气，或者在孩子想要跟你保持距离时感到受伤、被抛弃。有时候，你可能发现，自己伤害了孩子，但已经无法挽回。

父母不可能是完美的，你可能伤害到你的孩子、让他们失望，事后后悔很多年。然而，你已经付出的努力——阅读、心理咨询、自我反思——会为你带来回报。一旦你发现自己与旧有情感不成熟的观念纠缠不清，并意识到自己正在做什么或者已经做了什么，你就能够及时纠正并进行弥补。如果你对自己的某种育儿方式感到后悔，思考一下你当时为什么会那样做。是因为没有安全感吗？还是对孩子太过担心？或者因为自己一心想做“强大”的父母？想一想，你希望自己当初会以怎样不同的方式进行应对。如果你愿意，即使事情已经发生了很多年，你依然可以和孩子聊一聊这件事。

你可以向孩子道歉，告诉孩子你当时做错了什么，以及你应该如何应对当时的情况。然后你可以听一听孩子对你的行为的看法，以及你给他们带来了哪些伤害。做一个有责任心的人，勇于承认自己的错误，这会增加孩子对你的信任。主动来到孩子面前表达你的歉意，向他们展示如何修复关系。

对于年幼的、无法深入交流的孩子，你可能无法像跟大一点儿的孩子那样展开探讨，但你仍然可以表达自己的歉意与后悔。你的歉意、表情和想要弥补的愿望，再加上一句“对不起，让你难过了”，已经足以传达他们所需要的一切，此举能够成为他们以后学习的榜样。你的歉意为关系的和解埋下种子，会成为孩子今后的精神支柱。

孩子不断长大，表现得好像不再需要你，或者希望和你保持距离，这时你可以提醒自己，他们会一直从你的联结、鼓励和关怀中受益。当孩子让你知道他们需要更多的空间时，你可以骄傲地拍拍自己，这说明你与孩子建立了足够好的关系，让他们能够真诚地表达自己的需求。他们不会觉得你非常脆弱，或者将自己的自尊和人生意义建立于你之上。只要你能够关注孩子的感受，希望与孩子建立联结，你就能与孩子建立特别亲密的亲子关系。这与你和父母之间建立的关系可能截然不同。

我们已经讨论了亲子关系中最重要的情感因素，接下来让我们看一看，你可以如何使自己的育儿方式变得更成熟。

策略

由于情感不成熟父母并非理想的育儿典范，因此你可以通过加入育儿小组、参与育儿课程，或阅读优秀的育儿图书来学习。向你敬仰的一些长辈寻求建议，同时确保你所阅读的育儿理念让你感觉良好。任何提倡体罚、权威主义或制造内疚感的图书都不是在解答问题，而是在制造更多问题。一些实用的图书有《如何说孩子才会听，怎么听孩子才肯说》（*How to Talk So Kids Will Listen and Listen So Kids Will Talk*）、《家有性情儿》（*Raising Your Spirited Child*）、《暴脾气小孩》（*The Explosive Child*）、《如何真正爱你的孩子》（*How to Really Love Your Child*），以及《如何真正爱你十几岁的孩子》（*How to Really Love Your Teenager*）。学习儿童发育知识，了解各年龄段孩子的能力也很重要，这样你就能拥有合理的期望。我们很容易觉得只有自己的孩子很调皮，但如果你意识到大多数同龄的孩子也会这样，你可能就会有不同的感觉。你可以读一读以《一岁宝宝》（*Your One-Year-Old*）开始的那套成长系列丛书，针对每个年龄阶段都有一本，直到青春期。

自我探索

回想一次你对自己的育儿方式感到特别自豪的经历，那时发生了什么事，你做了什么？为什么你对这次经历感到如此满意？你当时给孩子提供的指导和同理心是否比你自己小时候获得的更多？

你在育儿方面做出了哪三件不同的事情，有助于扭转几代人情感不成熟的育儿方式所带来的消极影响。

○○ 提示 ○○

最简单的就是，时刻记得孩子也是人。看着孩子的眼睛，感受你们之间的联结。孩子和成年人一样追求尊严和公平。他们对事物有深刻的感受，并渴望成为美好的人。他们需要在遇到困难时对自己怀有同理心，也需要你看到他们的潜力，看到他们最好的一面，与他们合作，帮助他们实现目标。你可以给予他们引导与鼓励，而不仅仅是纠正他们。帮助他们做好心理准备应对未知的情况，事后再与他们交流经历。像对待一个成年人一样，体谅和尊重他们。作为情感成熟的父母，这些都是你能给予孩子的最好礼物。

DISENTANGLING FROM
EMOTIONALLY IMMATURE PEOPLE

第三部分

后退一步

当他们对我生气时，我忍不住感到内疚

摆脱做自己时的内疚感

特蕾莎告诉她的母亲米拉，她暂时不被允许来照看五岁的外孙查理。因为尽管特蕾莎明确表示不想让男友接触儿子，但米拉还是多次把查理交给特蕾莎的男友照看。这显然违反了特蕾莎关于谁可以接触儿子的原则。

米拉时而哭泣（因为没办法看望孙子），时而闷闷不乐（因为她觉得特蕾莎太自私了，把孙子和自己拆散简直不讲道理）。这并不是米拉第一次不顾特蕾莎的意愿擅自行事，但这一次，特蕾莎觉得必须暂停母亲的看望，直到母亲尊重她的意愿为止。

米拉既没有道歉，也没有承担起违反特蕾莎的原则的责任，反而高高在上地觉得自己有权决定能让谁接触查理。她与特蕾莎争辩，质疑她的原则，而不是为自己违反了它而道歉。她坚持认为，自己作为查理的祖母，有权看望查理。

当愤怒和抗议不起作用时，米拉改变了策略，开始表现成可怜和遭人遗弃的模样，她发信息说自己多么孤独和沮丧，如果不能见到家人，就没有活下去的意义。米拉把自己塑造成受害者，深受特蕾莎的折磨，特蕾莎不关心她的感受，甚至不关心她的生死。然而在整个过程中，米拉从未停下来考虑一下特蕾莎的感受，也从未想过自己是否已经严重越界。

特蕾莎看懂了米拉的所有抗议，仍然坚持自己的立场。米拉的回应中没有任何保证自己不再违反原则的内容。她知道是母亲无视她的原则，才造成如今的局面。但特蕾莎内心深处还是受到米拉指责的影响，觉得划清边界的自己是个坏女儿。特蕾莎知道自己在做正确的事，但情感上还是感到很糟。

“我该怎么处理这种内疚感？”她问。

恐惧和羞耻的情绪很明显来自外界的威胁。你深知自己痛苦的来源是另一个人，以及对方对待你的方式。

但内疚感不同，它更难应对。内疚分为**非理性内疚**（irrational guilt）和**建设性内疚**（constructive guilt）。非理性内疚像是感觉自己像个“坏人”而产生的自我惩罚。而建设性内疚则是一种积极的提示，有助于纠正行为和解决问题。不幸的是，情感不成熟父母并没有教导他们的孩子什么是建设性内疚，以及如何让事情变得更好。相反，他们通过制造内疚感，引发非理性内疚，从而获得更多的控制权。

特蕾莎的非理性内疚源自对母亲的同情。尽管是米拉自己为自己制造了痛苦，但特蕾莎一发现母亲很难过，便觉得是自己的责任。她已经习惯了被母亲责备，也习惯了为自己没有成为一个好女儿而感到内疚。

你在感到非理性内疚时仍然坚守自己的边界，可能是与情感不成熟者的关系之中最大的挑战之一。即使你知道你对他们的痛苦没有责任，如果你被引导去相信他们的情绪在某种程度上是你的责任，你仍然会有这种感觉。

情感不成熟者利用你关于善意和尊重的成人价值观，将责任推卸给你并引发你的内疚感。你不想伤害任何人，也不想只考虑自己。然而，即便你的立场非常坚定，他们的指责与夸张的难过情绪，也会在情感层面激起你的自我怀疑。他们利用你的同理心来反击你，把自己说成受害者，来加剧你的自我怀疑。

特蕾莎学会了从她的非理性内疚中抽身。每当她设定边界时，她就已经预料到母亲会投射出责备和受害者的姿态。当特蕾莎后退一步时，她意识到自己不可避免的内疚感是一种旧有的反射，于是不再那么认真地对待它们。她意识到，她的内疚和自我怀疑来自童年，那时的她觉得自己应该对母亲生活中的痛苦负责。

接下来让我们看一看，与情感不成熟者互动时，如何应对自己的非理性内疚。

策略

审视你的内疚感。当你发现自己开始质疑现实并责怪自己时，其实这是一种信号，是时候后退一步，问一问自己为什么感到内疚。也许你的内在小孩仍然会在有人不开心的时候感到内疚。你不能让这个困惑而自责的小孩影响你的生活。你可以理解内疚，但你不必接受它，你可以质疑自我责备这种条件反射。现在的你是作为一个成年人在做主导，而不是很久以前那个充满内疚感的孩子。把那些内疚感往后放一放，给自己一些空间来思考这个问题（Schwartz，1995，2022）。

然后问一问自己，我是做错了什么，还是只是让他们不高兴了？思考自己的内疚从何而来，情感不成熟者是否以某种方式把自己的不当行为变成了你的错。

自我探索

回想一次你对与情感不成熟者设定边界而感到内疚的经历。描述一下这次经历，以及让你感到内疚的想法。

试着找出引发你内疚的原因：在整个过程中，情感不成熟者到底是在什么时候指责你说全是你的错的？他们到底说了什么或做了什么，让你感到内疚？

◌ ◌ 提示 ◌ ◌

如果你在有人对你感到不满时感到内疚，那么你可以试着想象角色互换。如果你关心的人对你设定了类似的边界，你会如何反应？比如，如果有人告诉你，你做了一些影响你们关系的事情，并请求你不再这样做，你会如何回应？你会指责他们不再爱你了吗？你会认为他们太荒谬、太自私吗？你会表现出受伤的样子，并故意疏远他们吗？我猜你不会这样，反而会关心他们，并努力解决问题。

感到内疚是一种经过训练的条件反射，曾经有助于维系和你所爱的人之间的良好关系。情感成熟并不意味着你再也不会感到内疚，而是意味着你能够评估自己的内疚是来自童年经历的条件反射，还是来自合理的担忧。

27

我知道他们很离谱，但我不知道该如何应对

如何识别和脱离情感不成熟者的投射与歪曲

当情感不成熟者的防御机制被激活时，他们可能说出或做出一些离谱的事情。他们会毫不犹豫地做出不合逻辑的指责和行为，不惜一切代价重新获得对当下关系的控制权。这一过程会发生得非常快，你很难跟得上他们说话的节奏。现在让我们放慢速度，看看情感不成熟反应的五个组成部分。

情感不成熟者会极端地看待事情。他们的绝对主义思维使每件事对他们来说都是黑白分明、非善即恶的。因此，对他们来说，批评或抱怨就像是对他们价值的全面否定。对他们自尊的威胁会让他们产生过度的防御。

情感不成熟者无法容忍情感亲密。设定边界意味着你会在更深的层次上与人坦诚相处。这种真诚的分享会让你们的关系变得更真实、稳定，而这正是情感不成熟者无法容忍太久的。

情感不成熟者确信自己说的都是对的。要知道，情感不成熟

者的现实是基于感觉的，而不是基于事实的。他们觉得自己是无辜的，你的抱怨在他们看来并不公平。他们确信自己不会以任何方式越界或者伤害你，因为自己没有恶意，肯定没做出过什么对你来说糟糕的事。他们觉得你应该接受，他们的本意是好的，而不是将自己的实际感受作为判断标准。

情感不成熟者会通过责备你来掩盖自己的错误。对于许多情感不成熟者来说，最好的防御就是快速进攻。他们会让你成为罪人，坚信是你伤害了他们。如果你质疑他们，他们就会歪曲你的话，来证明他们不被爱、被误解、被迫害。这进一步强化了他们一直都是饱受恶人欺凌的无辜受害者的生活叙事（Karpman，1968）。他们对冲突的描述都像是一条默比乌斯带，令人无法理顺前因后果，只会感到困惑。

情感不成熟者的情绪变化很大。他们的情绪状态会迅速变换，这取决于他们感觉自己掌控了一切还是受到了威胁。他们总是处于一个极端的状态，他们会觉得你会无缘无故地冒犯他们。比如，他们看起来已经放下了那天与某人的争执，但第二天就可能重新挑起事端。他们一开始思考自己是如何受到迫害的就会瞬间失去理智。

下面的例子说明了情感不成熟者是如何走向荒谬的。

母亲玛丽莲对儿子大卫说，几周后孙子五岁生日那天，她会去探望大卫一家，因为她要顺路去看望一位老朋友。玛丽莲没有询问大卫一家是否方便、是否有时间。她也不会告诉大卫自己具体几点到访，因为她不喜欢在出行上受到束缚。大卫知道母亲的行踪无常，他意识到孩子的整个生日可能都花费在等待奶奶出现上，而失去和大家一起玩耍的时间。因此大卫告诉母亲，孩子的生日郊游定在下午两点钟，希望她能来参加，但如果她不能及时赶到的话，他也是理解的。他们会留下一把钥匙，让旅途奔波的她可以休息一下。

玛丽莲爆发了。她现在觉得大卫一家就是不想让她到访。她显然是不受欢迎的。不管了，行程取消。她也不打算去看望她的老朋友了，言下之意是大卫让她太伤心了，她已经没有心情出行了。她抓住各种理由来放大自己受到的伤害和丧失感，甚至会自己编造出来一些。

大卫对母亲的愤怒感到震惊。他努力安抚她的情绪，说明他们并没有想要推开她，但母亲拒绝倾听，也不回他的电话。大卫对母亲以及母亲的被迫害妄想感到愤怒，更对自己感到愤怒——自己仍然在意母亲的想法。这一切都让他感到内疚和沮丧。大卫已经被母亲的离谱言行缠住了。

几天后，玛丽莲给大卫打来电话，她的语气轻快，好像什么都没发生过。但第二天她又来抱怨自己受到的不公平对待。大卫对母亲的情绪变化感到震惊。

易怒的情感不成熟者就像刚刚学会争辩的三岁孩子。他们的争辩比发脾气好不了多少。他们知道应该有言语上的交流，他们知道自己想赢，但除此之外，他们无法合理地争辩，因为他们还不具备逻辑思考能力。因此，他们在说出任何让自己感觉有主导权的话（比如，他们是受害者，是他人的过错，不是他们干的，你在刁难他们，什么也没有发生，等等）的同时，要坚称自己是对的。他们会编造现实，来填充自己受到的不公正对待。他们可能缺乏逻辑，但他们非常擅长表达不满、展示愤怒和做出尖刻的指责。

幸运的是，在儿子生日的一周前，大卫冷静了下来，重新整顿思路，来面对母亲的离谱行为。大卫只要记起，儿子的生日才是他最关心的事情，而不是母亲的感受，一切就又重回正轨。他后退一步，把一切都看得清清楚楚。他打电话给母亲，平静地告诉她，儿子的需求“高于我的，我的妻子的和妈妈你的”。母亲没有赴约，大卫的儿子过了一个愉快的生日，大卫也为自己的举动感到自豪。大卫拒绝为了母亲的来访而改变儿子的生日安排，这说明大卫选择诚实面对母亲，而不是假装接受母亲的肆意妄为。为此他付出了代价，母亲很离谱地一直指责他。

有时候你必须权衡真诚表达的好处和坚持己见的成本。对大卫来说，在他和母亲的这件事情里，一切都是值得的；但如果再来一次，他可能就没有力气和她较量了。当你感觉累了或者压力很大的时候，不要因为屈服而难过。如果你强迫自己面对对方或设定边界，而实际上只想撤退或逃避，那么你无论如何都会被情感不成熟者纠缠，因为当下你没有倾听自己内在的声音。

策略

当情感不成熟者的行为更倾向于偏执且离谱的指责，而不是基于事实时，你可以重申你的立场，如果你不确定自己想说什么，就后退一步。比如，一开始大卫试图引导母亲回到现实，但当母亲的指责变得离谱之后，他选择后退一步，给母亲留出空间，也明确一下自己的想法。他意识到与母亲争辩、讲道理、指出母亲的曲解无济于事。她不够理智，以致这些做法对母亲无效。大卫把注意力转向思考自己的优先事项，以及自己最终想做什么。

不要一直想要为自己辩护。情感不成熟者就是想要引发争论，这样双方就不会注意到他们做了什么。你可以选择后退一步，从那种毫无意义的争论中抽离出来，明确自己的立场。进入观察模式，稍稍跳脱于这种情况之外，将对方的动机与言行在心里归类记录。你要追求客观性，而不是反应性的情绪。

不要因为某人不高兴，就觉得是自己做错了什么。情感不成熟者就像孩子一样，当事情不合他们的心意时，他们会责怪他人，这种责怪不一定是准确的。情感抽离能让你看清他们正在做的事情：让你深感痛苦，最后不得不放弃，这样他们就可以开始构建自己想要的世界。

自我探索

回想一次经历，那时情感不成熟者感到被你冒犯，对你感到生气。描述一下，他们为何指责你，为何感到受伤。是因为你在按照自己的想法做事情，而没有顺从他们的心愿吗？

当你意识到他们的言行逐渐变得离谱时，你有什么感觉？当他们歪曲事实来指责你的时候，你又有什么感觉？

○ ○ 提示 ○ ○

你的任务就是要足够情感抽离，意识到情感不成熟者已经变得不理智了。你可能感觉到，他们实际上比你想象得更脆弱、更不稳定。这种认识可能是痛苦的，因为你习惯了把情感不成熟者视为理智的成年人，即使是在他们行为不当、举止奇怪的时候。但一旦你看懂了他们，他们的离谱行为就将激发你追求客观性和自我保护，而不是内疚。

28

我只想让他们爱我、理解我的感受

设定可行的目标

如果你是一个内化者，你会喜欢与人亲近，进行有意义的对话，更深入地了解他人。当他人回应你，与你建立友谊和亲密关系时，你会感到最快乐。事实上，这种真诚、开放的方式是如此令人满意，以致回到浅层的社交闲聊会令人异常沮丧。

我们都一样，当有人对你感兴趣，想要更多地了解你的想法与感受时，你会拥有被爱的感觉。不幸的是，当以自我为中心的情感不成熟者无视你的主观体验时，你可能通过更多地表达自己的想法和感受来建立亲密关系。你希望通过打开自己的内心世界来建立更亲密的关系。

你可能想通过将谈话带入更深的层次，来激发对方的兴趣、共鸣与参与，但结果不是你所能控制的。你无法让情感不成熟者变得更有同理心，也无法让他们对你更感兴趣，让你觉得自己真正被理解和接受。你越想激发真正的联结，你可能越会感到失望。

你可能会努力建立联结，分享你的经历，但最终还是得不到什么反馈，因此感到十分沮丧。

我知道这令人十分费解，因为你可能感到，情感不成熟者确实爱你，你对他们确实很重要。你能够感受到这种羁绊，他们想要拥有这段关系，即使他们的许多行为并不符合你对真正亲密的标准。你知道他们“在那里”，但你无法让他们放下防备与你建立真正的联结。

然而，每隔一段时间，你与情感不成熟者之间就会出现“自然一刻”，他们会以自己的方式对你表现出共情和支持。他们可能注意到你的一些情况，表达对你的关心，但如果你试图解释你的感受，他们就会失去兴趣。换句话说，他们偶尔可能会主动提供安慰，但那是在他们注意到的时候，而不一定是在你需要的时候。他们短暂的支持回应是他们关心你的方式，但这并不意味着他们可以与你谈论更深层次的感受，或者帮助你消化你的体验。

即使你已经成年了，你可能仍然渴望情感不成熟父母为你提供一个能够包容你的环境，促进你的发展（Winnicott，1989），就像你小时候需要的那样。这意味着父母要足够敏感和温柔，为孩子构建一个安全的空间（即关系），让他们在其中成长并感到安全。即使在孩子长大后，父母仍然可以通过持续的关注和情感联结，以及提供同情、支持、安全的环境，在心理上**“抱持”（hold）**他们的孩子。渴望这种充满关注的关系是正常且健康的，因为它能够为我们提供一个自由成长的安全空间。

我们都有一种内在的、持续终生的本能来让心理不断成熟（Erikson，1950；Anderson，1995）。当我们的关系支持并鼓励我们成长时，我们就会发挥出最大的潜能。你之所以一直与情感不成熟者很亲密，可能是因为你感到通过与他们真诚分享和彼此尊重来共同成长的人生多么丰富。随着你的不断成熟，尤其是当你开始抚养自己的孩子时，你可能自然而然想和父母分享你的人生旅程。当你面对新的成人挑战时，他们的认可和同情会让你做出最大的努力，感觉不那么孤独。

但通常这种想要得到支持的需求难以得到情感不成熟者的回应。当情感不成熟者感到被迫表达同情或亲密时，他们会变得烦躁，可能会制造冲突或分歧来破坏亲密关系。他们对亲密行为的烦躁反应其实是为了避免可能感到的不适，即与人建立亲密的情感联结。

比如，罗恩打电话给他年迈的父亲，祝他生日快乐。听完罗恩温馨的祝愿后，父亲对罗恩支持的党派发表了粗鲁的评论。罗恩本来满怀爱意地联系父亲，结果受到了攻击，因此感到生气。罗恩记得父亲经常这样做，常常一句话就挑起事端，打破温馨的时刻。罗恩没有意识到的是，虽然打一个体贴的电话可能是罗恩喜欢的方式，但他父亲更喜欢跟他拌嘴。对不同的人来说，令人满意的互动是完全不同的。

经过深思熟虑，罗恩意识到，如果他想向父亲表达温暖的情感，他需要做好准备，接受父亲自我保护性的疏离。不接受这个现实会让罗布感到不安，父亲则会毫不在意。罗恩准备好了面对父亲条件反射式的拒绝亲近，然后后退一步，保持中立，不再被父亲的冷嘲热讽所迷惑。当他以温暖且开放的姿态来对待父亲时，他无法得到爱与同情，只能迎来父亲的防御。他的父亲不是成长促进者，而是亲密破坏者。

就像罗恩一样，你可以审视局势，根据情感不成熟者的行为来调整你的目标。你的愿望可能是让他们爱你、理解你的感受，但这个目标可能无法实现。因为你知道他们会对亲密作何反应，你可以选择继续自我表达，但要做好准备，接受他们没那么积极的回应。

接下来让我们看一看，设定可行目标的重要性，这样你就不会经常受到伤害。

策略

期望与情感不成熟者建立满意的关系可能会带来许多痛苦情绪。痛苦的程度取决于你想要的和你得到的之间差距有多大。你可能总想全心全意地对待你关心的人，但这种充满信任的开放心态可能在不知不觉中让情感不成熟者远离你。你不如试着沉着一些，这是一种令人羡慕的状态，让你的内心平静下来，确信无论他人的态度如何，你都能承受。如果你设定更多可行的目标，比如简单地表达自己或直接交流，而不寻求更深层次的情感联结，你就更有可能感受到成就感。如果你把目标设定为一次成功的、冷静的互动，而不是试图建立一种亲密的关系，你就会更有力量感。你可以设定一个可实现的目标来规划你的行为，而不是期望得到一个满意的回应。

自我探索

回想一次你想念情感不成熟者并想和他们建立联结的经历。当你主动联系他们，试图与他们深入交流时，结果如何？和他们交谈后你感觉如何？

回想起来，你内心期望从他们那里得到什么？写下你那时对他们的期望。他们具体说什么或做什么，才能让你感到满足和感激？

提示

练习自我掌控，为自己设定清晰的边界，而不是从情感不成熟者那里寻求理解和情感支持。如果你明白自己正在面对什么，并为互动设定现实可行的目标，你就更容易对结果感到满意。你得到的也许不是你心目中的"爱"，但也许是他们所能给予的全部，你觉得你能接受这样的现实吗？对他们抱有期望，还是接受他们的局限性，哪种方式让你感觉好一点？

29

每当我设定边界时，我都觉得自己冷酷无情

因自我保护而感到内疚

自恋型情感不成熟者只有在他人满足其心意时才会感受到爱。就像遭到拒绝会生气的孩子，这类人一旦受到你设定的边界的挑战，就会质疑你是否真的爱他。如果你和他们想的不一样，你怎么可能真心爱他们呢？他们认为，“如果你真的爱我，你就会给我想要的”，这表明了他们在情感发展上的不成熟和对他人的漠视。

边界是自恋型情感不成熟者的克星。为了获得安全感，他们必须控制你。对他们来说，你有自己的主观意识和偏好是不重要的（Shaw，2014）。你的边界提醒他们，他们并不能支配你，因为这威胁到了他们的特权感。如果他们不能发号施令，你也不把他们放在第一位，他们就会害怕自己变得无足轻重。当你坚守自己的边界时，他们会觉得你在贬低他们，破坏他们的自我价值感。

这就解释了为什么在某些关系中，自恋型的一方可能在对方

试图设定边界、威胁要离开或撤回爱意时变得咄咄逼人。这种特权地位的突然丧失引发了一种存在主义恐慌，就好像他们马上就会消失一样。心理上脆弱的情感不成熟者，尤其是自恋型情感不成熟者（Helgoe，2019），可能会感到愤怒，并认为有理由采取极端行动来重新获得控制权（如果你怀疑自己的情况属于这一类，请务必寻求专业帮助，并采取必要的安全措施）。

我们通常认为自恋者是那种很浮夸的人（Kernberg，1975；Kohut，1971），有着膨胀的自我意识，但其实也有一些自恋者更安静、更低调，他们通过内疚诱导、被动攻击、强调自己的不幸来行使权力。这些隐蔽而被动的自恋者（Mirza，2017）会给人施加隐形压力，如制造内疚感、制造羞耻感、情感胁迫（Marlow-MaCoy，2020）、冷眼相待、苦肉计，等等。无论你是害怕情绪爆发，还是觉得自己对他们的抑郁或自杀倾向负有责任，你都已经被他们控制了。

不管是否属于自恋型情感不成熟者，他们对你为何设定边界不感兴趣。他们认为自己的行为没有问题，因此他们觉得你不应该抱怨，而应该包容他们。他们听不进你频繁讲的道理，因为他们不会自我反思。对他们来说，设定边界似乎是一种没什么必要的粗鲁行为，好像你无缘无故就变得冷漠且刻薄。

许多情感不成熟父母的成年子女都觉得，当自己最终与情感不成熟者设定边界时，自己会感到自信和强大。然而事实是，你很有可能感觉自己很失败。情感不成熟者可能不会尊重你的意愿，反而表现得怨恨，坚持自己的需求，或者表现得非常受伤或愤怒，让你怀疑自己坚守立场是否值得。他们不会让你“赢得”你的边界，因为他们生活在一个非黑即白的世界里，在这个世界里，合作、妥协、达成共识等同于失败。他们无法理解人们为什么要互相倾听、互相理解。如果你不支持他们，就是在反对他们。

在他们看来，设定边界这件事是自私的。他们不关心你是否在努力保护自己或维护自主权。对他们来说，他们用光所有力气来“爱”你，而你却无理取闹，破坏这段关系。他们不明白你为什么要设定边界，因为他们意识不到自己的行为如何影响他人。

当罗妮因母亲频繁插手她的生活而设定边界时，她的母亲痛苦地大喊：“你为什么要这样对我！”罗妮解释说：“我不是针对你，我是在对你的行为做出回应！”母亲可能难以理解这种微妙的区别，但罗妮很清楚。她不是无缘无故想让母亲难过，她只是在保护自己。一旦不再期望母亲理解她的立场，罗妮就觉得自己更坚强了。她意识到她的母亲并不想要一段更亲密、更真诚的关系，她只是想要一个受她控制的女儿。罗妮也明白了，自己对母亲并不是刻薄或无情，她只是想作为一个独立个体获得尊重。

接下来让我们看一看，在遇到类似的情况和人的时候，你可以如何应对。

策略

也许最好的策略不是妥协，而是反抗。不是要反抗情感不成熟者，而是要反抗你所养成的对他们感到内疚的习惯。如果你是在情感不成熟父母身边长大的，你的某个自我层面可能随时做好准备，让自己产生内疚感和羞耻感，即使你明知这样不对。在与情感不成熟者的纠葛中，内疚和羞耻就像一种“流通货币”。

但当你感到那种被规训而来的内疚感的刺痛，告诉你设定边界是多么不好的行为时，你要明白，这种对自己的糟糕感受永远不能反映真相。你可以将情感不成熟者的行为标记为权力游戏，来获得客观性，并冷静地观察他们是如何激发你的自我怀疑的。回想一下你设定边界的合理理由，然后遵循你作为成年人的价值观去做。当你受到情感不成熟者不合理的批评时，要知道你担心自己变得冷酷无情其实是一个好的迹象，这说明你已经开始关怀自己了。

有时候，情感不成熟者会变得很有防御性和指责性，甚至会与你断绝关系，试图重新获得绝对的权力。如果他们因为你设定边界而对你冷眼相待或者拒绝交流，你要记住，你所做的一切都是为了表现得像一个平等的人。意识到他们对你的拒绝的不公正，可能会减轻你的内疚感。你可以继续尝试与他们交往，也可以决定与他们保持距离。他们的愤怒也许意味着，你可以开始过自己的生活了。

自我探索

回想一次你对情感不成熟者设定了边界却没有被接受的经历。你打破了这段情感不成熟关系中的哪一条不成文规定？用“……是错误的”的句式将这条旧有的规定写下来。

看到这条规定，你有什么感觉？到目前为止，你对这条不公平的规定有什么看法？

现在，选择一个更健康的关系价值观。也将你的新规定写成一句话，同样用“……是错误的”这个句式。比较这两条规定，哪一条更能让你产生共鸣？

提示

与人意见不同并不意味着你是无情的。拒绝你不想要的东西，或者不把情感不成熟者放在第一位也不意味着你是无情的。你生命中最高的道德价值并非牺牲你自己而让情感不成熟者开心。你成功的标志不是他们接受了你的边界，而是你设定了一个边界。你保护了自己的情绪健康，而不再让他们支配你。你甚至通过设定自己可以承受的合理边界，避免了关系的疏远。

30

他们说我不够爱他们，爱的方式也不对。我具备爱的能力吗

后退一步审视一下什么是爱

如果情感不成熟者经常把你描绘成一个一点儿也不关心他们的自私的人，这种印象就会慢慢开始影响你。如果你和大多数人一样，担心他人的看法，那么你可能真的会怀疑自己是否表达了足够的爱。内化者乐于从反馈中学习，因此你自然会怀疑这种指责是否属实。在这些互动中，自我怀疑和内疚感都会被激起。

事实上，即使情感不成熟者不公平地指责你，说你不够爱他们，你也仍然真的爱他们、关心他们。他们的要求激怒了你，而当你表达愤怒时，他们却把这当作你一开始就不爱他们的证据。这让你担心自己可能真的冷酷无情，因为你真的不喜欢他们这样做。这就像是当你被人无端指控生气的时候，你会真的生气。

抱怨不被爱是情感不成熟者的常见操作，这是他们的核心创伤，也是他们最大的恐惧。也许他们在童年时期的一些经历让他

们感到不安，也许对善良和爱的恐惧让他们担心自己无法得到重视或照顾。因此，他们对不值得信任的、各种类型的不忠、对他们不够关心的迹象保持高度警惕。正因为这些猜忌的存在，他们的人际关系经常会变成他们所害怕的那样。

许多有着情感匮乏的童年的情感不成熟者会下意识地从孩子那里寻求情感支持，孩子对他们来说是有着亲密关系的安全人物。这造成了角色的颠倒，会让孩子过早地成熟（Minuchin et al., 1967；Boszormenyi-Nagy，1984）。由于无法安慰自己或保持情绪稳定，情感不成熟父母希望孩子能让他们感到自己特别和被爱。当他们发现自己的孩子天生非常自私，需要大量的关注时，他们会感到非常震惊。对于有不安全感的情感不成熟父母来说，这种正常的儿童行为会被极度个人化，让他们陷入被羞辱和被控制的非理性情绪之中。

情感不成熟父母往往通过与孩子的互动来弥补自己童年未被满足的需求和遗憾。这就解释了他们为什么会对你提出一些不合理的期望。当他们“被遗弃的”内在小孩出现时，他们会觉得自己是无辜的孩子，而你是他们冷漠的“父母”的象征。你现在怎么爱他们也不够，因为他们当时没有感受到足够的爱。情感不成熟者常常试图用当前关系中象征性的替代品来治愈旧有的情感创伤，但这行不通。他们永远无法因此弥补自己的不安全感和无价值感。一旦你意识到，他们在要求你弥补他们过去受到的虐待，你就可以拒绝情感不成熟者对你的一些歪曲事实的指责。

真正的爱会给一段关系中的两个人各自的空间。亲近和接纳应该是双互的，而不应该使一个人剥削另一个人。如果一个人控制或要求对方通过自我牺牲来证明爱，那就不可能是真爱。你知道你是否是爱情感不成熟者，你也知道你再付出多少就会受伤。如果有人要求你做一些你不想做的事情来证明你的爱，这时你就会被当作一件物品，而不是一个人。

接下来让我们看一看，如果情感不成熟者不合理地指责你不够爱他们，你该如何应对。

策略

当情感不成熟者指责你不够爱他们或爱的方式不对时，后退一步，审视事情的全貌。你可能发现，让他们感到“不被爱”的行为大多源自你对个性的捍卫，或者你所设定的希望被如何对待的边界。要知道，爱他们不等于允许他们做任何事，也不代表坚持自己的立场就是撤回爱意。事实上，他们因为你坚守自我而指责你太有个性，这才是缺乏爱意的表现。

审视你们之间的权力关系，他们是否以尊重你的方式向你提出合理的要求，还是他们故意让你感觉糟糕，来获得你的顺从？只有当你离这段关系足够远的时候，你才能发现其中的差异。

你可以向他们保证你爱他们，这样做一两次，之后拒绝讨论他们的指责。即使你试图捍卫自己的观点，他们可能仍会专注于自己的情绪问题。这些问题不是你的错，你也没有责任修复它们。

自我探索

想一想你是如何对待对你重要的人的。写下你的人际交往价值观，即你在任何关系中都会坚持的人际交往原则。

看一看你所写下的内容，你认为自己有爱他人的能力吗？你是如何对他人表达关心的？回顾这些年你的人际关系，写下三次难忘的互动，证明你具备爱的能力。

◌ ◌ 提示 ◌ ◌

一旦情感不成熟者考验你对他们的爱有多深，你就知道给他们的爱永远不够。事实上，“爱”这个词可能不够贴切，也许更准确的说法是，他们永远无法得到满足，因为他们希望永远被放在第一位，永远能够支配你，无论发生什么自己都是无辜的受害者。当他们质疑你对他们的爱时，这是一种转移注意力的方式，让他们能够逃避更艰难的工作，确保双方都对这段关系感到满意。就像你已经注意到的，他们的抱怨根本没有解决办法。即使你真的爱他们，你可能也永远无法向他们“证明”这一点。

31

不管我怎么做，他们都觉得受到了伤害和背叛

为何你的努力无法让情感不成熟者感觉好一些

许多情感不成熟者似乎一直陷于创伤、痛苦、背叛之中。总有些事情是错的。如果你关心他们，尤其是如果你是他们的孩子，你会觉得这样的生活很艰难，因为你的同理心在不断被耗尽。面对一个不快乐的人，我们通常的反应是同情，但许多情感不成熟者会选择回避，认为自己的问题太严重而无人能解。这种情况令你左右为难：如果你表示同情，他们会觉得你在轻视他们的痛苦；但如果你不试图安慰他们，他们会觉得你一点儿也不关心他们。你怎么做都不对，唯一能满足他们的方法，可能就是每天都围着他们转。

你自然希望他们能够感觉好一点儿，因为这似乎是他们想要的。但是你越投入地帮助他们，你就越会因为他们的世界观中顽固的消极情绪而感到沮丧。当你试图帮助他们解决当下的问题时，他们仍然专注于自己受到的不公正对待，总是要证明自己的处境

很不利。与其说他们需要帮助，不如说他们希望你确认他们的消极观点，即生活是不公平的，他们总是在走下坡路。只要你提供客观的分析，或者觉得他人不应受到谴责，你就可能发现自己也被他们当成了敌人。

不快乐的情感不成熟者不一定想感觉好一点儿，他们可能只想在自己悲伤和痛苦时寻求陪伴。对于内化型的、情感不成熟父母的成年子女来说，这一点尤其难以理解，因为他们往往是想要提供帮助的问题解决者。鼓励情感不成熟者接受心理治疗，似乎对于解决根本问题是一个明智的想法，但他们更感兴趣的可能是释放压力，而不是做出任何改变。

你建议他们接受心理治疗，也可能是因为他们的抱怨已经让你筋疲力尽，却什么都没有改变。你已经觉察到，他们需要更多的自我意识，因此你觉得心理治疗是改变他们不良思维模式的根本方法。但如果你建议情感不成熟者，要想解决问题，首先要自我审视，他们会感到被冒犯和批评。因为他们有一种外化的心态：只觉得他人需要改变。他们总是试图通过指责他人来解决问题。

时间久了，情感不成熟者的自我挫败心态会导致你在情感上自我疏离，或者出于自我保护而撤回爱意。你对他们的不快乐和愤怒变得麻木，对他们的同情越来越少。你可能会收回你的同理心，因为你意识到这对他们没有帮助。当一个人不断地把自己表现成受害者时，没有人能一直对其富有同理心。当情感不成熟者始终停滞不前时，你会厌倦付出努力。

接下来让我们看一看，对于这种令人沮丧的关系，你能做些什么。

策略

如果情感不成熟者一直都很消极，那么你可以后退一步，评估一下到底发生了什么。他们真正想要的是什么？他们是想要你的帮助，还是想要证明他们所受到的压迫和不公正？他们是欣赏你的想法，还是表现得好像你无法理解他们的痛苦？当他们感觉好一点儿的时候，有没有感谢你的支持？还是会全然关注下一个抱怨？

当他们将不快归咎于外界，拒绝思考如何做出改善时，请提高警惕。你可以表达善意，让人安心，但你不必为了他们而把自己累垮。如果一个人总是抱怨，而当你提供帮助和建议时，他似乎很生气，觉得自己被你误解，那么你需要和他保持一定的距离并持有怀疑的态度。

最后，你的共情和同理心可能没有帮助，因为问题的根本原因可能来自情感不成熟者的童年创伤。你的关怀无法扭转这种早期的伤害，人们必须自己做出努力，才能从这种创伤中恢复过来。

自我探索

描述一段情感不成熟的关系，对方频繁谈论相同的问题，而不接受你的任何反馈，你感到筋疲力尽。当他对你的想法或建议不感兴趣时，你有什么感受？

描述另一段关系，当对方遇到问题的时候，你很享受怀有同理心地帮助对方。这个人与你交流的方式有什么不同？他在回应你的方式上和情感不成熟者有什么不同？

◌ ◌ 提示 ◌ ◌

如果一个人对世界充满愤怒，那么你最好不要介入他和他的攻击目标之间。他的情绪既不需要你为之战斗，也不需要你承担责任。他是需要你的帮助，还是想把你拉入他的消极视角？问一问自己，是否把他的怨恨和特权感误认为真实的情感痛苦。如果你在试图帮助他人的时候有挫败感，可能是因为对方坚决不愿改变。无论你多么努力，你的同情和支持都无法改变一个人的基本世界观，只有他自己能够做出改变。你不需要努力改变他的看法，你仍然可以展现善意，但没有必要付出到筋疲力尽的地步。

我获得了自由，却想念过去的亲密

解开了关系纠缠，你却感到悲伤

当你从与情感不成熟者的关系纠缠中抽身出来时，你可能惊讶地发现，自己感到有些悲伤。一直以来，你对他们的不满可能覆盖了你的一种隐秘的满足感——你总是他们生活的中心人物。如果你本来觉得，在成功设定边界后自己只会有解脱感，那么此时你所感到的对纠缠关系的想念可能让你非常困惑。

不要忘记，虽然成为你自己令你收获自由，但个性化意味着失去旧有的关系模式。后退一步可能产生意想不到的情绪成本。当你不再把他人放在第一位的时候，你一定会感到一阵空虚。那个曾经整天围着情感不成熟者转的你，突然无事可做了。

在你有足够强烈的自我意识来适应这种变化之前，你可能已经成功地在这段关系中设定了边界。如果你的自我发展没有跟上你独立于那个重要他人的节奏，那么你可能感到有点儿茫然。也许你从来没有意识到，你的自我认同和日常生活是多么依赖于这个人的偏好。然而，一旦你意识到，这种新的互动方式对大家都有利，你就可以更快地跟上步伐。

接下来让我们看一看，我的来访者艾弗里和她的妹妹是如何经历这个过程的。

艾弗里是抑郁并酗酒的吉尔唯一的姐姐。在吉尔十几岁的时候，不怎么关注她们的单身母亲去世了，吉尔酗酒，把艾弗里当作她最主要的精神支柱。即使在她们成为各自独立的成年人之后，吉尔仍然希望艾弗里每天都给她打电话或发信息。吉尔经常打电话来抱怨，说要是艾弗里不够关心她，她还不如去死，反正肯定不想再和她讲话了。艾弗里感觉自己像是有两份全职工作：养活自己和担心妹妹。后来，情况越来越糟，艾弗里开始寻求专业心理咨询，帮助自己与吉尔建立更健康的边界。

在咨询过程中，艾弗里开始思考吉尔的行为是如何影响她的。当她后退一步，审视自己与妹妹互动时的感受时，她意识到自己付出了多大的情绪成本。在同意吉尔的要求之前，她开始默默地了解自己的喜好。艾弗里感到自己的情绪健康受到威胁，于是她后退一步，在与吉尔的接触频次上做出限制。她还坚持让吉尔接受心理治疗，结交新朋友，寻找新的爱好。

吉尔拒绝变化。在艾弗里身上，她已经建立了完美的支持系统！她对艾弗里大发脾气，像以前一样，断绝了所有联系。和过去一样，吉尔希望艾弗里一直给她打电话，想办法跟她和好。但这一次艾弗里什么也没做。艾弗里没有担心为什么妹妹不和她说话，而是开始把注意力放在自己身上，她一想到可以利用自己的空闲时间做些新的事情，就感到很欣慰。她感到压力和焦虑变少了，因为她有更多自己的时间了。她决心再也不要为了维持关系的和睦而牺牲自己的原则。

吉尔似乎察觉到了艾弗里的独立意识，于是增强了威胁程度，她打电话给艾弗里，说她之所以不联系是因为她想自杀，并指责艾弗里没有关心她确保她没事。艾弗里告诉妹妹，不应该把监控吉尔自杀倾向的责任推给她。吉尔争辩说姐姐有责任照顾好她。艾弗里回答说："吉尔，我再也不会关注你的心理健康了。我可能打电话给警察来偶尔查看你的情况，但我不会再亲自来看望你了。我会帮你联系能帮助你的人，我只能帮你到这里了。"

艾弗里发现说出这些话变得容易了，因为她后退一步，意识到吉尔用自杀来威胁自己，对自己来说是不公平的。吉尔的行动和言语表明，她宁愿看到艾弗里惊慌失措地冲进她的公寓，以为妹妹快死了，却不愿接受寻求心理治疗的建议。

艾弗里坚定地与吉尔保持着更健康的距离，吉尔最终适应了。她找到了一位心理治疗师，开始在社区中社交和康复。真正的变化发生在吉尔接受药物治疗，并且情绪好转时。有了这些支持，艾弗里开始更愿意和吉尔待在一起，同时仍然先谨慎地审视自己，之后再处理妹妹的任何事情。

然而，即使在艾弗里成功地设立生活边界之后，她惊讶地发现，她内心仍然有一种强烈的冲动，想给妹妹打电话，看看她是否安好。艾弗里潜意识里害怕她和吉尔无法成功度过彼此独立的过程。我向她保证，她过自己的生活不会害死她的妹妹。这种情感分离的痛苦早就应该经历。

艾弗里与妹妹的情感分离程度超过了她的个性成长速度，她感觉自己没有准备好应对一个突然摆脱了那么多责任的生活。她需要更新自我认知，把自己变成一个有自己生活的人，而不是吉尔的精神支柱。艾弗里决定和妹妹建立一种更健康的关系，她决心要坦诚相待、设定边界，不再做自己不想做的事情。为了巩固她新的自我认知，她深入思考了自己作为一个独立个体的兴趣、梦想和价值观。当艾弗里的人生重心转向自我成长时，她开始感觉生活变得更加平衡和完整。

不可否认，艾弗里还是时常感到痛苦："我真的很难过，很想家。我想念吉尔。我对她的情感依恋源于我不得不去支撑那个情感破碎的妹妹。我的自我认同曾经一直围绕着她的破碎感。这对我来说是非常重要的责任。我在支持着她，我是她人生中第一个真正给她带来安全感的人。"艾弗里正在哀悼自己失去了妹妹的"情感救世主"的角色。

一段时间后，吉尔可以更自主地生活了，艾弗里开始享受新获得的自由："我对她的事情不再感到那么绝望和紧张，紧急情况没那么多了。"回顾过去，艾弗里意识到，自己之前并不是真正爱妹妹，而是在侍奉她。

接下来让我们看一看，当你在生活中面对情感不成熟者时，你可以采取哪些应对措施。

策略

当你坚持与情感不成熟者设定边界时，确保你投入同等的精力去发现自我，建立更准确的自我认知。定义你想要与他们建立的关系类型，并阐明在新的互动中你要坚守的价值观。不仅要问自己想要避免什么，还要问自己想要追求什么变化。

当这种情感不成熟的关系发生变化，或者对方将依赖转向他人时，你很可能感到失落或想念过去。也许你可以写下两个坚持下去的积极原因，如果出现了失落的感觉，以此来提醒自己，设定边界是重要的。

自我探索

你目前不喜欢的与情感不成熟者之间的三种互动是什么？（比如，参加你不喜欢的活动，倾听他们太长时间，隐藏你的真实想法，满足他们的期望。）你是迫于压力才这么做的，还是你习惯了这样？或者两种原因都有？

想象一下，你已经后退一步，设定了健康的边界。你会想念过去的互动吗？为什么？列出几个朋友的名字，他们能够理解，放弃这些于你无益的东西时你的矛盾心情。他们是你的知己，你可以和他们好好谈谈这个话题。

◌ ◌ 提示 ◌ ◌

从情感不成熟的关系中后退一步，找回自我。然而你可能起初并不适应这个过程。当你还没有习惯关注自己的需求时，感到尴尬是很正常的。要知道，我们都非常依赖旧有的互动模式，即使它们对我们有害。你为过去的日子感到悲伤是难免的，因为你是一个有爱心、有情感联结的人。在设定边界之后的一段时间，你会出现不适应和奇怪的感觉，接受这件事。随着你不断练习后退一步，在应对情感不成熟者之前问问自己的想法，这个过程会变得越来越自然。

DISENTANGLING FROM
EMOTIONALLY IMMATURE PEOPLE

第四部分

拯救自己

为寻求他人认可而牺牲真实自我

当被人欣赏变得比保持真实更重要时

我们大多数人都喜欢被人认可和赞美，其所带来的感觉能够增强我们的自尊和自信。然而，如果你太努力取悦他人以致失去自我，就成了问题。从小到大你可能已经学会，过度争取他人认可是必要的，因为爱和接纳都是有条件的。如果情感不成熟父母依赖你的成就来维护自己的自尊心，你可能觉得你不仅要为自己努力，还要为他们而努力。你可能找不到一个能做真实的自己的安全的地方，你认为必须发展出一个讨人喜欢的人格，来与家人和朋友相处。他人的认可像是一种心理需求。我们来看一看我的一位天才来访者迈克的故事，他在成长过程中就有过这样的经历。

迈克在八年级时有过一阵严重的抑郁时期，他用哥特服装和黑色诗歌来表达自己的情绪状态。他的情感不成熟父母总在吵架，他也很难适应校园生活。当他告诉父母他想自杀时，他们带他去看精神科医生。不幸的是，精神科医生给他开了一种药，加重了他的抑郁状态，他真的做出了自杀尝试。事后，父母告诉他不知道该拿他怎么办。他们给他下了最后通牒：他要么振作起来，停止胡闹，要么只能被送进精神病院。迈克害怕被家人抛弃。他意识到，自己唯一的依靠只有自己。

因此，迈克带着新的使命开始高中生活：他要成为父母所期望的那种优秀的学生。他开始穿学院风的衣服，加入了田径队和戏剧俱乐部，努力学习考上大学。他努力表现得正常且优秀，来证明自己是值得被爱的。迈克有足够的智性和能力来实现这一目标，父母似乎也为他感到骄傲。

迈克的策略为他博得了成年人的关注，也让他融入了许多学校社团。他用一副有所成就的面具成功地掩饰了自己的悲伤，然而他那未解决的抑郁和不安全感得以隐藏，成年后所经历的一次感情破裂让他再次深感绝望，抑郁状态重新浮出水面。为了重获平衡，迈克必须学会真实地表达自己的感受，而不是一味追求他人的认可，假装一切都好。他意识到，为了获得父母的认可，他的情绪健康受到了损害，他与自己的真实感受脱节了。

并非所有人都会尝试这种极端的“解决方案”，即尝试彻底改变自己，但这种自我抑制的尝试可能比我们意识到的要频繁得多。当我们压抑自己的真实反应和观点，以免疏远我们在情感上依赖的人时，我们都会做出寻求认可的行动。在面对情感不成熟者的时候尤其如此，因为他们对外表和行为的标准可能非常僵化和挑剔。

当你因不想辜负他人的期望而逐渐迷失自我时，这属于过度适应。经常这样会让人变得孤独、自卑和抑郁。像迈克一样，你可能没有预见过度寻求他人认可的长期影响，包括它是如何破坏你的人际关系的。

当你觉得需要得到他人的认可时，你就很难与人建立更真实的联结。如果你把他人视为需要取悦的对象，你就很难和他们建立亲密的关系。即使你现在可能不再被情感不成熟者包围，你可能仍会出于害怕他人的拒绝而压抑自己的个性。当你担心他人不喜欢你的时候，你就会按照他人的喜好来展示自己。如果你习惯性地通过他人的认可来寻求自身价值，你就越来越难向他人展现真实的自我。

接下来让我们看一看，如何在与情感不成熟者以及其他人相处时变得更真实，而不是过分关注他人的认同。

策略

你可以通过观察自己在人际交往中是在获得能量还是在消耗能量，来了解自己是否在寻求他人认可。如果你在努力争取他人的赞赏，时刻关注他人是否尊重你，你就很容易感到紧张。把这种紧张当作一种信号，深呼吸，感受真正的自己和自己本身的价值。看看你能否像一个普通人一样与人交流，而不是总想着要出风头。当然，如果你更常与情感成熟者交往，这件事会更容易一些。

你可以展现真实的自己，提出自己真实的想法，即使与他人的观点并不相同。不必弄清楚每个人都在想什么，为什么不直接以中立且友好的方式分享自己的想法呢？你不需要推销或捍卫自己的观点，这只是一场对话。在与能够接纳你、让你感到安全的社交氛围中练习一下，你能更容易展现真实的自我。

尝试做出更真实的回应，习惯让他人看到更真实的你。并非每个人都是挑剔的情感不成熟者。你仍然可以享受寻求认可的感觉，但你更深层次的目标是与他人和自己和睦相处。当你向他人展示更多真实的自己时，你能够享受真诚的友谊和人际关系，而不必过分戒备。

自我探索

回想一次你因为顾虑他人的认可，而无法做真实的自己的经历。当你如此关心他人的想法，而牺牲真实的自我时，你的心情如何？

把你认为与你的成就同样重要的个人品质列成一张清单。如果觉得有困难，你可以在朋友身上找一找吸引人的特质。如果你仍然难以看到自己的优点，可以向朋友寻求一些反馈。这样做能帮你建立一个更真实的自我概念，包括你所有的特质，而不仅仅是你的成就。

◌ ◌ 提示 ◌ ◌

你渴望被人认可的愿望可能给你带来无法做真实的自己的痛苦，与其专注于取悦他人，不如试着以友善的方式真诚待人。你可以调整自己的目标，寻求认可本身没有问题，但不要以牺牲你的真实自我为代价。把自己看作一个不仅喜欢获得认可，而且追求真实和亲密关系的人吧。看看如果你不那么努力地追求成功会发生什么。你可以慢慢来，尝试一些只有自己能留意到的小方法。你完全有资格感受到自我价值和尊重，只是因为你是你自己。

34

我想做自己，但我害怕遭到拒绝

应对被抛弃的焦虑

人类对个性和归属感有着急切的需求。我们大多数人都熟悉这种平衡心理：既想要自己的空间，又需要人际关系。最好的人际关系是，我们既能保持自己的个性和边界，又能享受彼此之间的亲密和关注。

但在与情感不成熟者的关系中，这种平衡往往会失败。这是因为情感不成熟者往往缺乏自我意识，很难感知个性和归属感之间的健康平衡。他们对这两方面之间的边界感觉模糊，让他人要么感到情感孤立，要么感到过度控制，或者两者兼而有之。他们不知道如何找到一个舒适的中间地带，让人既能完全做自己，又能拥有彼此支持的亲密关系。

在情感成熟的关系中，人们尊重彼此的自主权和内心世界。然而，情感不成熟者被卡在一个发展阶段，将他人看作自己的延伸，或者满足自身需求的对象，对他人的需求缺乏同理心。就像蹒跚学步的孩子一样，他们无法理解他人是有着自己价值观的独立个体，拥有自己的思想。

你可以想象，当情感不成熟父母的孩子开始表达自己的个性和自主性时，会发生什么。情感不成熟父母不可能欣然接受孩子这一必要的发展过程，他们会将孩子的独立自主视为对他们的拒绝，认为孩子任性或叛逆。他们可能情绪化地与孩子拉开距离，暂时剥夺他们用以寻找情感安慰和安全感的家庭基地。这让孩子害怕寻求独立，因为独立可能意味着与父母失去联结，被抛弃，甚至更糟。处于这种境地的孩子面临着一个艰难的选择：是发展自己的个性，还是维系父母的爱。

情感不成熟父母对他们的孩子拥有完全的掌控权。对孩子来说，父母的支持关系到自己的生存，因为他们没有别的地方可去。这就是许多情感不成熟父母的成年子女恐慌情绪的来源。从安全感的根源处被拒绝，这对任何人来说都是可怕的，对年幼的孩子更是如此。如果你在童年时期就有这种不安全感，你会害怕被抛弃、被拒绝，不敢太自负。对遭遇拒绝的潜在恐惧会持续到成年，这就解释了为什么当情感不成熟者突然疏远或切断联系时，许多情感不成熟父母的成年子女会表现出非理性的恐慌。

比如，贾马尔一直在与专横的父亲奥蒂斯抗衡，想要努力做自己。贾马尔说："在他身边，我很难成为我想成为的人。"奥蒂斯不断给贾马尔提建议，直到有一天，贾马尔终于同父亲设定了边界。

当贾马尔告诉奥蒂斯，他需要自己做决定时，奥蒂斯很生气，不再和他说话，惩罚贾马尔坚持自己主张的做法。尽管贾马尔终于得到了自己想要的空间，但他无法享受它，因为他一直担心奥蒂斯收回父爱。父亲生他的气让他感到特别没有安全感，他对这一点很惊讶。

现在他明白了，是什么阻碍了他早点和奥蒂斯划清边界。这太痛苦了！贾马尔很想向父亲道歉，求他不要生气，但他还是克制住了这种恐慌。他决定偶尔联系一下奥蒂斯，直到他再次接纳自己。贾马尔了解了，当奥蒂斯收回爱意时，他的世界并没有崩塌，他可以承受父亲的一些极端行为，为拥有更健康的边界而努力。用贾马尔的话说："我对父亲的态度发生了转变。我现在转换了视角，看到了他的局限性。以前，我认为我们所经历的都是一些'事故'，但现在我明白了，这是他的性格模式。这就是他，我只是不太喜欢罢了。"

情感成熟的父母总是欢迎孩子重新回到家里，即使他们之前挣脱父母的关注，坚持走自己的路。这种父母理解孩子对自由和自我效能的不可抗拒的渴望。他们了解自己作为孩子情感补给站的重要性，允许他们随心所欲地离家和回家，保证他们的安全感（Mahler，Pine，and Bergman，1975）。为了增强孩子的自主性，而不是让他们感到害怕，一定要让孩子知道，每当他们需要父母时，父母都会支持他们。以这种方式对待孩子，可以让孩子充分自我表达、探索世界，同时感到自己被人关怀。自我发现并不意味着要失去爱。

但如果你在情感不成熟父母身边长大，童年的恐惧可能让你担心他们（或者其他人）一不开心就疏远你，进而遭遇被抛弃。幸运的是，你现在已经是成年人了，你可以寻求其他的支持。你不再依赖父母的认可来获得安全感，尽管你还有一些残留的感觉。

如果你因为做真实的自己而害怕被人抛弃，那么你可以参考以下的建议。

策略

了解并安慰害怕被抛弃的自我部分，这是你独立的代价（Schwartz，1995，2022）。倾听这部分自我的恐惧，把它们记录下来，然后问一问自己，希望与情感不成熟者如何维系关系。尽管你的焦虑让你想要立刻跑回去寻求原谅，但你要冷静下来想一想，你真正想要的是怎样的联结。

当你因为展示真实的自己而受到惩罚或情感上的抛弃时，你需要立即明确自己希望如何被对待的价值观。坚定自己的价值观可以帮助你克服情感不成熟者的反击，从更宏观的角度看问题，而不是感到内疚或被抛弃。与其过度反应，不如评估他们的行为。有不同意见就消极看待他人，你觉得这样对他人公平吗？家人没能满足你的需求就在情感上抛弃他们，这样恰当吗？不要自发地认为被抛弃是自己“造成的”，因此感到内疚。你可以评估一下他人是如何对待你的，从更关心你的人那里寻求情感支持。

现在让我们进一步明确，你作为一个独立个体的价值观。

自我探索

你认为人们应该有多大的自由，来与他人设定交往的边界，特别是在与情感不成熟者的交往中？如果一个人不喜欢和另一个人待在一起，他提出减少接触时间，这样有错吗？

思考一下，如果情感不成熟者用情感撤回或通过威胁要抛弃你，来让你多陪他们，你会是什么感觉。思考一下你的价值观，写下你对这种压力的看法。你怎么看待这种行为？

提示

如果你和情感不成熟者设定边界，他们可能无限期地保持沉默，更有可能的是，一段时间过后，当他们心情变好时，他们会假装什么都没发生过，再来联系你。（令人震惊的是，情感不成熟者在做出离谱行为之后，还能假装一切都好。）作为一个想要与他们进行情感联结的人，你的本能可能是解决导致情感破裂的问题。如果你愿意，你可以问一问他们，是否愿意谈论这件事，不过你也可以选择不再谈论。你可能更愿意礼貌地维护自己的新边界和自我表达的权利，而不是试图让他们理解对你造成的伤害。重要的是，你要知道自己现在想要什么样的关系，以这个目标来指导自己的行动。

我到底是谁？我怎么知道怎样对我最好

如何认识并找回真正的自己

情感不成熟者的情感胁迫和情绪管控会让你觉得自己更像是只能依附于他们而做出一系列反应的人，而不是一个独立的人。当你过于担心他人的需求时，你会觉得内在的自己不再与你对话。你可能会失去对自己喜好的感知，甚至失去内心深处的真实自我。你该如何寻找和重新联结真正的自己？

与你的内心世界重新建立联结，留意自己的能量何时上升和下降。寻找吸引你的东西，追随你的兴趣。当你追求适合你的事物时，你会有一种延展感和意义感。时间会过得很快，虽然你需要付出辛苦的努力，但它让你充满活力、令你振奋。当你专注于自己真正的兴趣时，你会感觉自己在正确的时间出现在正确的地点，一切都是顺理成章的。

想一想那些健康、纯真的孩子，在他们被教导要掩盖自己的感受、思考自己的行为之前，他们精力充沛，因为他们没有任何内在冲突。他们身心舒适，对他人保持开放，总是准备好迎接下一件事。他们由自己内在的喜欢和厌恶所引导，在和家人朋友分享自己的真实情感时感觉很安全。找到真正的自我包括了解你完全做自己时的梦想、感觉和冲动，大多数孩子生来就会做自己。

如果你有过这样的经历，与某人互动时感觉在做真正的自己，你会永远记得那一刻。在这些时刻，你处于一种超然的、安全的、自我主导的心理状态之中，在这种状态下，你会感到平静，思路清晰，能够自然地交流问题，卸下防备去纠正一些误解。当你关注真正的自己时，即使与情感不成熟者交谈，你也不会出现大脑混乱或语无伦次的情况，因为你几乎不会感到焦虑。你完全沉浸于当下，不会过度感受自我意识。你平静且自信，没有内心的挣扎。你所说的话和想法来自你内心深处的情感，你可以分辨出什么是真的，什么是假的。最重要的是，你现在有一种感觉，无论发生什么，一切都会好起来的，因为你有正确的心态来应对它。你感觉很坚定，又很平静，你能看到问题的核心，毫无顾虑地向前迈进。

你的真实自我用平静且微弱的声音，引导你走向那些能增强你生命能量、支持你个性发展的事情（Gibson，2020）。如果你抵触这种内在的指引，你就会产生强烈的内在冲突，从而引发各种不良症状。比如：当我们否认自己的真实愿望时，我们会变得焦虑；当我们对做真正的自己感到绝望时，我们会变得沮丧。

那么，你真正需要的真实自我在哪里呢？当你在和情感不成熟者的专制和强迫行为做斗争的时候，你知道它在哪里。它永远在那儿，只是当你的防御机制介入时，它会藏起来。解决办法是，从一开始就和你的真实自我保持联结，而不是在情绪被触发之后再试图建立联结。如果可能的话，在你和情感不成熟者进行关键互动之前，花一些时间来关注你自己。当你的真实自我将你的各个自我层面汇集在一起时，你会感到更加平静，不会反应过度（Schwartz，1995，2022）。

你的真实自我是你完整人格的基础，从你出生起就一直存在。只要你寻找它，你会发现它总是在那里。冥想和正念之所以受欢迎，一部分原因是，这些练习将你带入真实自我所存在的空间，在那里你可以与自己的深层内在建立联结。

当你关注自己的时候，你的真实自我会更频繁地出现。你会知道自己的真实想法，自己的真实感受，自己需要什么、不需要什么。我总是惊喜地发现，有些人在与自己的真实感受重新建立联结之后，会自然而然开始对情感不成熟者说真话，原因很简单——有什么说什么比压抑很多事情要容易得多。当你接触到真正的自己时，你说的话便总是让你感觉很好。让我们来看一个例子。

莎妮丝的母亲伊玛尼喜欢照看莎妮丝的孩子，但总是无视莎妮丝的嘱咐乱给孩子喂食物，让孩子和自己一起熬夜看电视。莎妮丝和母亲争吵多次都没有结果，因为母亲坚持觉得这种宠溺没什么坏处。因此当莎妮丝和丈夫周末出游时，莎妮丝会让公婆帮她照看孩子。伊玛尼坚持想知道孩子为什么要和爷爷奶奶住在一起，莎妮丝决定告诉她真相："因为他们听从我们的要求。我们对孩子的成长负有责任，除非孩子能按照我们的规矩健康成长，否则我们很难将孩子交给你照看。"

莎妮丝是怎么想出这些话的呢？她做了一件非常诚实的工

作——写下自己想要什么、不想要什么。她能够向母亲说出自己的真实想法，因为她非常清楚什么是对的。当你发现真正的自己时候，你也能够这样做。

策略

那么你是谁呢？像莎妮丝一样，你就是内心那个平静的真正的自己，你知道自己喜欢什么，清楚自己的需求，并对生活做出真实的反应。

为了找到真正的自己，你可以试着在特别的时间，让自己安静下来，集中精力进行冥想练习。通过一些让你感到舒适的呼吸练习，与自己建立联结，你可以感知不同角色之下的真实自我。你那非常敏锐的内在意识深知什么对你有益、什么对你有害，它一直存在于你的内心。

你的真实自我生活在宁静、觉知、静谧之中（Schwartz, 1995）。冥想、正念、写日记、心理治疗，或者与值得信赖的朋友深度对话，这些都能让你与真实自我重新建立联结。有很多方便下载的冥想应用程序和在线资源，你也可以在网上或书店里寻找你感兴趣的冥想入门书籍。你可以利用这些来弄清楚自己喜欢什么、什么事情让你感到充满生机和活力。

当面对一项困难的挑战时，你可以冷静下来，问一问自己，关于你自己和当下的情境，最本质的真相是什么？试着用笔和纸记录更多当下发生的事情、你的感受和你所看重的东西。

你是谁？在你完全做自己而忘记这个问题的时候，答案便会自然浮现。

自我探索

花点时间回想过去的经历，当时你与真正的自己建立了联结。写下当时你在哪里，有着怎样的感受。

如果你感觉与真正的自己脱节，写下它是何时发生的、如何发生的。哪些事或人让你远离了真正的自己？哪些因素能让你与真正的自己建立更多联结？将这些答案写下来，它们能够告诉你，你的生活中需要增加什么、减少什么。

◌ ◌ 提示 ◌ ◌

情感不成熟者的要求会破坏你与真实自我的联结。他们站在你和你的内心世界之间，吸引你的注意力，让你无法与自己和谐相处。但当你越过他们，寻找自己的真实体验时，你的真实自我就会变得更明亮、更容易接近。只有通过与真实自我不断交流，你才能发现你到底是谁、你想要什么。当你花时间重新与自我意识建立联结时，你才能开始记起，自己一直以来究竟是谁，以及在情感不成熟者迫使你忽视自我来更好地照顾他们之前，你是谁。

我太追求完美，以致把自己弄得筋疲力尽

当你的自尊建立在完成不可能的事情上

完美主义可能是内化型的、情感不成熟父母的成年子女的一个问题。他们高度的洞察力和敏感性使他们注意到他人可能忽略的事情，特别是一些细节和人们的反应。洞察力和完美主义能够让人取得成就，但也使内化者痛苦地觉察到他人的不悦。因此，他们往往会为自己设定尽可能高的标准，这不仅是因为他们想做好工作，还因为他们想规避任何潜在的批评。

你是完美主义者吗？你是否对自己的努力过于挑剔，以致常常很难开始行动，即使是对于你感兴趣的项目？你的自我评价是否会因无法达到他人的标准而受到影响？如果是这样，你就会明白，完美主义无法让你享受“心流”的乐趣，你无法全然沉浸在当下的事情中。完美主义让你对一切都丧失了乐趣。

当你成为自己最糟糕的批评者时，你对自己所付出努力的反应就是，立刻煞费苦心地找出所有纰漏，这会让人非常泄气。此外，一直挑错会让错误不断滋生，让所有事情看起来都需要纠正。

在你被他人反复评价之后，你会成为自己最糟糕的批评者。情感不成熟者会将责备外化并批评他人，因此他们的孩子经常觉得，自己被拿来和一个他们永远无法达到的标准做比较。即使你尽了最大的努力，你也必然会错过一些东西，并感到羞耻。不幸的是，许多情感不成熟父母更喜欢批评，而不是提供帮助或支持。对孩子做出评判，而不是给出愉悦的反应，传达的信息总是你可以更努力。情感不成熟者就是无法抗拒，以牺牲你为代价让自己更有力量感。

喜欢评判的情感不成熟父母似乎认为，孩子要做的就是给他们留下好印象，而不是他们应该鼓励孩子多多努力。这往往让孩子过度追求成就，试图表现得足够出色，来赢得父母难得的认可。这样的父母缺乏同理心，无法理解孩子需要为自己所做的事情感到骄傲。他们过于关注孩子的产出，而忽略了孩子的感受。结果，敏感的孩子变得过于谨慎，为了避免被羞辱，他们小心翼翼，以致没有人能批评他们。

孩子本能地注意到谁拥有权力，并试图模仿他们的行为，这种习得的行为融入了内化型的、情感不成熟父母的成年子女的生活中。比如，在工作中，你可能模仿情感不成熟者对你的批评，先发制人。你可能会在开始之前就把工作搞砸。你可能认为过度付出是实现自我价值感的最基本的要求。在极端情况下，你可能对自己的人格吹毛求疵。批评不会止于你工作的边界，它会逆流而上，直达你自尊的源头，即你的自我认知。

完美主义是一个理想的仆人，却是一个糟糕的主人。如果一个项目到了最后的润色阶段，完美主义的审查可能有所帮助。但是，完美主义是没有尽头的，它会抹杀创造力来防止错误的出现，而不是在事后用来纠正错误。当你试图避免所有的错误时，很快你就很难做出任何行动了。

虽然完美主义会让你误入歧途，但它的本意是想要保护你（Schwartz,1995，2022）。它认识到，谨慎和自我批评比等待他人浇灭你的热情要好。它只是试图保护你，从一开始就把一切都做好。

完美主义往往基于非黑即白的观点、急躁和不切实际的标准。我们可以看出，它是一种情感不成熟的思维。像情感不成熟者一样，你的完美主义部分非常不耐烦，它不想"浪费"时间去做粗糙的创造性工作。它期望在你尝试任何事情之前就得到正确的答案。然而，完美主义之所以会让情感不成熟者产生"浪费时间"的感觉，实际上源于其抗压能力弱。

就像情感不成熟者一样，你非理性的完美主义部分不想看到事情的发展过程；它想在你开始行动之前就把它打磨得光亮。和情感不成熟者一样，完美主义有一点本末倒置，它要求现实与幻想相符。它否认创造的过程中往往会有错误的开始、枯燥的过程、许多修正。它坚持认为，你应该能够避免所有的压力和混乱。它拒绝接受现实，而沉浸在不切实际的幻想中，认为第一次就能把事情做得完美。

接下来让我们看一看与完美主义和谐共处的方法，从而让你觉得不那么自我挫败。

策略

应对自己的完美主义就像和情感不成熟者相处一样让人筋疲力尽。完美主义同样是缺乏耐心、不切实际、不讲道理的。试着和你的完美主义沟通，想象它是一个独立的个体。问问它为什么立刻就要无情地提出批评（Schwartz,1995,2022）。你可能发现，它不相信你会记得被苛责是多么丢脸的。

当你与自己的这部分自我交流时——倾听它的恐惧，承认它试图把你从羞耻中拯救出来——你可能成为这部分自我的朋友。或许，你可以在适当的时候使用它那激光一般的分辨力，而不是每分每秒都使用它。

比如，假设你和你的完美主义自我合作，但严格设定需要监管的时段，这样如何？假设你给自己一段没有批评的时间来处理一项任务，在你邀请完美主义之前完成所有初步的工作，这样如何？或者，假设你的自我评价部分被允许参与，但只能以一种鼓励或好奇的方式，比如创造性地思考如何把事情做得更好，而不是肆意地做出批判，这样如何？请你的完美主义自我后退一步（Schwartz，1995，2022），让你在提交作品进行质量审查之前，先进行实验和创造。通过这种新方法，你最终会得到你真正喜欢的东西，这虽然不能让你一开始就完美，但能让你一开始就充满生命力。

自我探索

描述激发你追求完美主义的活动。然后，把你完美主义的动机用语言表达出来。它试图避免什么令人羞耻的结果（比如，如果没能做到完美，那么……）？

回想一个你在童年经历的尴尬事件，那时情感不成熟者让你感到自己很渺小。写下这件事对你的影响。之后，参照你现在的成人价值观，写下你的感受——一个情感不成熟的成年人让一个孩子有如此感受。你想继续用完美主义来对待自己吗？

提示

完美主义是由与无价值感相关的创伤引发的。它通常来自你年幼的一部分自我，试图克服内心深处对自己不够好的恐惧。这部分自我没有意识到，人生的目标不是永远不犯错误，而是从所犯的错误中吸取教训。你的完美主义部分可能试图创造出高质量的东西，但它过早地加入了混合物。你不应该让完美主义主宰一切，只有在它需要发挥作用的时候才释放它。

我希望自己不再取悦他人

当你为了取悦他人而舍弃自我时

我总是心疼那些通过贬低自己取悦他人的人。这就像是一种不公平的自我诊断。我可以保证，如果一个孩子在做自己的时候能够感受到安全和被爱，他就不会想要取悦他人。取悦他人是一种生存技能，而不是一种品质上的弱点。用这个词来进行自我批评实际上是在指责受害者。你可能觉得取悦他人是获得归属感的必然代价。

那些认为自己是讨好者的人经常会批评自己过于努力地维持与他人的良好关系。如果你也是这样，那么你一定很熟悉这种内心斗争：一方面想要取悦他人，另一方面希望自己更真诚一些。在这两个自我之间拉扯，你最终会发展出相互冲突的自我。一方面，你喜欢擅长社交、待人友好的自己，而另一方面，奉行纯粹主义的自我指责出卖了自己。

你在取悦他人和保持真实自我之间感到纠结，感觉自己必须在自我贬低和对抗他人之间做出选择。事实上，你不希望任何一边占据上风。如果你放弃自己圆滑和擅长社交的一面，你如何在这个世界上生存呢？如果你对他人不够诚实，你如何做自己呢？我们都需要勇气来认识自己，同时要用为他人着想时的敏感性来增强自我意识。

被人喜欢并不等同于出卖自己。取悦他人是一种技能，这种技能很大程度上依赖于以下几个因素：同理心，对他人反应的敏锐度，对和谐而非混乱的追求。我们许多人从原生家庭中学会了这种技能，尤其是在帮助情感不成熟者管理情绪、行为和自尊的过程中。我们了解怎样让人心情变好，怎样让人情绪低落。这种取悦他人的本能很早就发展起来，无意识地自发运作，帮助我们让各种环境变得更和谐。

如果你也是这样，你可能发现自己早就学会了如何安抚父母，并试图成为从不给父母添麻烦的孩子。比起为自己做打算，你可能觉得遵循情感不成熟者的要求更重要。这种感觉是由被迫心理融合（Bowen，1978）或与家庭（尤其是父母）过度纠缠引发的，使你无法发展自己的人格。

久而久之，你取悦父母的习惯会奠定你与父母关系的基调。你会害怕摘下面具，因为害怕关系不复存在。这种取悦他人的虚假自我（false-self）（Winnicott，1989）最初是为了获得父母的爱与认可，而现在你可能发现，自己在跟每个人打交道时都在使用这种技巧。

你要知道，当你过分迁就那些让你紧张的人时，你的本意是好的，这对你的自尊异常重要。你可能已经领会取悦他人、多考虑他人的想法是最安全的做法。令讨好者最难过的是明白是恐惧心理在激发自己取悦他人，而不是自己在使用社交技巧。

我只是想强调，你取悦他人的行为当然是出于恐惧！如果你在情感不成熟者的身边长大，你就知道他们多么迟钝。一个孩子通过发展出这些本能的安抚性自我防御机制，来帮助父母管理情绪是明智的选择。你学会取悦他人是为了让自己当下的生活更轻松、更安全。尽管现在作为一个成年人，你更擅长应对难相处的人并设定边界，但当内心的恐惧占据你的全部身心时，你可能仍会退化成当年那个无能为力的孩子，难以为自己发声。

你现在要做的，不是再也不对人和蔼可亲，而是在这个过程中不再与自我分离。类似取悦他人这种心理防御首先就会让你隐藏真实的自我。这些应对机制的唯一目的就是处理外部威胁，而不是优先考虑你想要什么、你是谁。你现在的任务是，理解这些人，明白取悦他人的防御机制源于童年的自我保护，是一种自动反应，之后用你成年人的思维和真实的自我来做出改进。现在，你可以在对自己有利的事情上有意识地运用取悦他人的技巧，同时不与真实的自我分离。你知道如何讨人喜欢，你可以重新利用这种技能，过好你的成年生活。

现在你是成年人，你可以自主选择何时使用取悦他人的技巧。有时你可能觉得取悦他人会对自己有利，但请不要以隐藏真实的自我为代价。现在你可以有意识地分辨出，你的内心体验和他人对你的期望之间的区别。你不必和他人纠缠在一起。你是你自己。

策略

做真实自我的第一步是，在与人交往时更关注自己的反应和感受。如果你能够有意识地与自我保持内在联结，你就可以用取悦他人的技巧与他人和谐相处，同时保有不同观点。重要的是，你也要练习在所有的互动中保持对当下的意识和觉察，令你旧有的消除自我的本能不再支配你的反应。

每次与情感不成熟者互动时，你都要有意识地不与自我分离，这样你就不会失去与自己的联系。在与情感不成熟者交往时，一定要专注于你的呼吸和身体感觉，回到自己的内心，练习在整个互动过程中有意识地觉察当下，增强自我控制，不要让自己进入“自动驾驶状态”。默默地自言自语，想一想他们在说什么，但确保自己做出真实的反应。

准备好一些模棱两可的回答（比如，“我明白了”“嗯”“好的”），这样你就不会对你不赞成的事物条件反射式地投入热情。不要自动同意他们所说的所有事情，你可以停下来说：“这很有趣。”给自己一点时间来明确自己真正的想法。然后你可以说：“我对此有些不同的看法。我在想……”

降低取悦他人的频率并不意味着要对抗每件事。只要你知道自己的感受，知道自己喜欢什么、不喜欢什么，你就能和真实自我建立联结。当你有意识地与你真正想要的结果和你的渴望保持联结时，你就不会因为取悦他人而丧失真实自我。如果你想在实现目标的过程中表现得友善一些，那么这完全是你的选择，只要这种友善不会令取悦他人的冲动重新占据主导地位。

自我探索

如果你不那么努力地取悦他人，你担心会发生什么？这种担忧与你的童年经历有什么关系？

回想一次你因为取悦他人而丧失了真实自我的经历。如果我们在那一刻暂停一下，问一问你取悦他人的原因，你会如何解释？

◌ ◌ 提示 ◌ ◌

你可以选择取悦他人，但不必强迫自己觉得被他人喜欢才能获得认同。只要你在他人面前不丧失自我，你就完成了最重要的目标。你可以随时使用取悦他人的技巧，它们并不是你丧失自我的标志。

向他人求助真让我难受

你为什么总是向他人道歉，觉得给他人添麻烦了

很多人都发现，自己很难向他人寻求帮助。对于情感不成熟父母的成年子女来说，寻求他人帮助感觉像是无理地占用他人的时间和好心。他们认为他人的帮助是稀缺资源，因此很难接受它。只要有办法自己处理，情感不成熟父母的成年子女就不会寻求他人的帮助。

情感不成熟父母用自己的行为来教育孩子，每个人都有自己的问题要解决，不想被他人的负担所困扰。他们可能并不是故意让孩子不愿寻求他人的帮助的，但他们的自我中心主义和脆弱的抗压能力常常让他们把孩子的问题看作麻烦。他们太专注于自己的生活，忘记了自己的情感支持对孩子多么重要。他们没有考虑到自己的关注对孩子来说多么重要，也没有想到自己的烦躁反应会让孩子感到羞耻。他们根本没有关注孩子的内在体验，因此常常不想太多就做出反应。

作为情感不成熟父母的成年子女，当你需要他人的帮助时，你可能感到非常不舒服。在困境中表达自己的焦虑和需求，这种想法几乎让你无法承受。你可能觉得自己像个情感上的“乞丐”一样向一个不想给予时间和关注的人乞讨。你很难想象自己的脆弱或求助不会被视为麻烦，因为你在童年就了解这件事。情感不成熟父母的成年子女会以不同的方式应对这些羞耻感。

比如，如果你对自己的需求故作轻松或嘲讽，你就可能觉得没那么羞耻，从而最大限度地减少你所需要的帮助。你可能感到很抱歉，不管你寻求什么样的帮助，多么小的帮忙。你认为向他人求助会令他人处于不愉快的处境，因此你会预先道歉。情感不成熟父母的成年子女在寻求帮助时，通常以“我很抱歉打扰你”或“我知道我很烦人”作为开场白。他们讨厌打扰他人，因为他们觉得比起回应他们，他人更愿意做其他事情。

情感不成熟父母常常怀疑孩子寻求帮助只是赤裸裸地想要获取额外的关注。他们不喜欢被打扰，因此他们觉得孩子是在胁迫他们。因此，他们的回应（或者根本不做出回应）会让孩子觉得提出请求的自己很自私。作为情感不成熟父母的成年子女，你可能觉得你的要求总是比父母愿意给予的更多。难怪你成年后还会总是感到抱歉，这是因为你被教导要怀疑自己需求的合理性。

你不愿意寻求他人的帮助的另一个原因是，你没怎么遇到过无私的人。当你在以自我为中心的人身边长大时，全世界似乎都对你的问题不感兴趣。因此，即使涉及基本的安全问题，你也总会觉得必须自己解决。

在童年时期，情感不成熟父母的子女会在受到伤害和攻击时对父母隐瞒真相，因为他们害怕父母的反应会让他们感觉更糟，甚至会被责怪是自己的问题。比如，一个男孩被人欺负和霸凌，他削尖了一块木头当作武器并随身携带去乘坐公交车。他的父母发现后吓坏了，男孩感到很困惑，不知道自己到底应该怎么办。肯定不能向父母求助。另一个孩子（一个女孩）在操场的运动设备上摔倒了，却向母亲隐瞒了伤情，因为她知道母亲会感到震惊和尴尬，而不是给予同情和帮助。这两个孩子都知道自己无法从父母那里得到任何实质性的帮助，因此他们准备自己处理问题。

他们的父母从震惊中冷静下来之后，可能会帮助孩子。但由于情感不成熟父母对几乎所有事情的反应都是情绪化和防御性的，因此这些孩子知道，在需要帮助的时候，向父母寻求帮助无法得到冷静且有益的回应。当你已经感到害怕和脆弱时，你很难再来应对父母的过度反应，这是你不寻求帮助的另一个原因。

还有一个原因是，你担心他人愿意帮助你是因为他们很难提出拒绝。你不想让他们陷入尴尬的境地。你可能觉得你的要求会让他们很有负担，因为情感不成熟父母的过度要求和干预常常让你觉得负担很重。但是，大多数有着健康自尊的人如果他们当下帮不了你，或者你的要求让他们觉得不舒服，他们会直接告诉你。随着你越来越自然地提出拒绝，你就会发现，向他人寻求帮助越来越容易，因为你相信他们也能合理地提出拒绝。

当情感成熟者慷慨地提供帮助时，情感不成熟父母的成年子女会觉得他们得到了一份巨大的礼物，感激不尽。他们很难相信有人如此愿意帮助他们，而且似乎一点儿也不觉得麻烦。有时候，朋友会劝阻他们过度热情的感谢，因为自己只是帮了一个小忙，不是什么大事。长期以来，情感不成熟父母的成年子女一直认为自己是“麻烦精”“讨厌鬼”，当有人善待他们、无私地对待他们时，他们会感激不尽。

接下来让我们看一看，如何更自在地向他人寻求帮助。

策略

想要更自在地寻求他人的帮助，最简单的第一步就是停止为需要帮助感到抱歉。你可能很难不说出“对不起，但是……”，但这种练习有重要的象征意义。每次你忍住道歉的冲动，你都会提醒自己，需要帮助没什么好抱歉的。每个人都有需要帮助的时候。你有许多寻求帮助的礼貌方式不会让你因为提出问题而贬低自己。你可以试着说，“我能不能请你帮我一个忙”或者“你介意我请你帮个忙吗”。你没必要给自己贴上“麻烦精”的标签，而可以让对方享受帮助他人的快乐。

接下来想一想，当朋友带着问题来找你或需要你的帮助时，你有怎样的感受。你觉得他们很麻烦吗？如果你的孩子有问题，你会希望他只能自己解决吗？如果可以的话，你愿意提供帮助吗？

你可以不断说服自己，摆脱自己是个麻烦精的感觉。比如，你想让一位朋友陪你去看医生，并不是紧急情况，你只是觉得有人陪你会让你感觉更好一些。以下想法可以帮助你在心理上指导自己克服对求助的恐惧。

> 我们是互帮互助的朋友，如果他没有时间或有其他计划，他会直接告诉我的。我了解他，不管他答应与否，他还是会喜欢我的。我不需要因为想要有人陪我而感到尴尬。我会很礼貌地提出请求，如果他无法帮忙，他肯定会拒绝的。我不是自私，也不是想要博得关注。我们

是两个可以真诚交流的成年人。如果他拒绝我，我仍然为自己有勇气寻求帮助而感到骄傲。

寻求帮助并不自私，但如果你仍然担心这个问题，你可以通过特别的方式感谢对方的帮助。你可以给对方发信息、电子邮件、卡片来表达感谢。你可以在他们需要的时候主动帮助他们，或者给他们准备一份意想不到的小礼物，比如鲜花或食物。你可以通过各种方式来健康地提供和接受帮助。

自我探索

写下一次你需要帮助，但又羞于开口的经历。具体描述你在想要寻求他人的帮助时，担心的是什么。

很多人都有一本感恩日记，在其中记录他们感激的事情。想象一下，为自己写一本特别的日记，就叫它“求助的勇气”吧。现在就开始，写下三个你即使感觉难以开口却还是寻求了他人的帮助的例子。事情进展如何，你的感觉如何？之后持续地记录你勇敢地向他人寻求帮助的时刻。

○○ 提示 ○○

你过去的经历让你觉得，寻求他人的帮助只会让你的处境更糟。看一看你能否弄清楚自己究竟经历了什么。这样做可以让你区分自己的过去和现在。当你鼓励自己寻求他人的帮助时，提醒自己这个人可能与你过去接触的人非常不同。给他一个带给你一种全新体验的机会。

DISENTANGLING FROM
EMOTIONALLY IMMATURE PEOPLE

第五部分

解决问题

我总是担心自己让孩子生气和失望

如果你的成年子女情感不成熟

我的来访者弗朗西丝的儿子康纳已经30岁了，在几次尝试独立生活后，最终还是回到家中与弗朗西丝一同生活。康纳没有自己的职业和学业目标，他回到自己的单亲妈妈家中，心中满是沮丧和焦虑。当弗朗西丝为康纳提建议，想要帮助他的生活重回正轨时，康纳突然非常抵触和愤怒，他们俩最后都差点哭出来。弗朗西丝认为，康纳如果有个大概方向会感觉好一些，但康纳总是觉得母亲想要控制他，根本不顾及他的感受。

弗朗西丝觉得，自己为康纳付出很多，让他住在家里，让他开她的车，还总是提供支持。但康纳总会对弗朗西丝生气，觉得自己有权利不整理自己的房间，还很少做家务。康纳在每一份工作中都干不长，他会责怪母亲让自己抑郁加重，常常讨论一大堆自己的问题，这些令弗朗西丝感到筋疲力尽。弗朗西丝越来越恼火，危机一个接一个，但康纳不曾听取弗朗西丝的任何建议。他似乎觉得自己一点儿问题也没有，弗朗西丝觉得自己无力帮助儿子，但不得不一直提供帮助。

在心理治疗中，弗朗西丝在共情能力、自我反思、尊重他人边界方面都表现得情感成熟。父母和以自我为中心的兄弟姐妹的情感不成熟令她备受折磨，因此她总是努力让他人感到被关注、被尊重。弗朗西丝试图共情儿子，但康纳的要求和对关注的需求让她筋疲力尽。她无法理解为什么康纳不能振作起来找份工作，或者重返校园，找点事儿干，而不是一直抱怨自己的焦虑和抑郁。她已经为他提供了住处，耐心倾听他，还为他找了一名优秀的心理医生。还要她怎么做？看来康纳就是长不大了。

对情感不成熟父母的成年子女来说，如果他们自己的孩子也表现得情感不成熟，他们会感到生活太艰难了。康纳的抗压能力弱、情绪反应性强、自我防御强、边界感弱，常常将责任推卸给其他人，这些令他和弗朗西丝的情感不成熟父母一样难以相处。他依赖弗朗西丝来维持自己的情绪稳定和自尊，而当母亲期望自己展现成年人的体贴时，他就觉得自己被背叛了。康纳被自己的情绪推着走，弗朗西丝根本无法和他讲道理。如果弗朗西丝不按他的要求去做，康纳就会变得非常愤怒或沮丧，令人担心他的安全。

你可能想，情感成熟的父母怎么会养育出情感不成熟的孩子呢？原因有很多。一些孩子有发育迟缓或神经问题，一些孩子的特殊需要引发了父母的溺爱，最后成了巨婴。康纳患有一种先天性疾病，在 10 岁之前进行了多次手术。在康纳住院和康复期间，弗朗西丝尽其所能让儿子舒服一些。弗朗西丝很心疼儿子，常常原谅他轻率的行为，对他为家人和他人应尽的责任期望很低。这种宽容已经成了弗朗西丝的第二天性，因为她习惯了优先考虑他人的需求，设定边界会令她感到内疚。

如果你的父母缺乏足够的同理心，你可能会对自己的孩子过度提供同理心，试图为他们规避你所经历的事情。但如果自我牺牲对你来说很正常，你可能忘记教导你的孩子，应当与人互惠、常常表达感激之情。结果，孩子可能认为自己的欲望要放在第一位，他人要是爱我，就应该一直支持我，没必要向他人表达感激和感谢。

有时候，孩子的性情可能让父母下意识地想起，自己的情感不成熟父母有哪些需要和反应，从而引发对孩子的过度纵容。从小一直要安抚父母，长大后可能以同样的方式回应孩子的情绪反应，无法意识到自己正在延续一种相互消耗的关系模式。

此外，一个残酷的事实是，没有经历过疗愈过程的情感不成熟父母的成年子女可能无法像自己所想的那样，敏锐地回应孩子的情感需求。他们在童年时期没有得到倾听、情感支持、探索自我的鼓励，可能发现自己很难培养孩子的情感成熟。

最后，由于许多情感不成熟父母的成年子女在童年时期就常常自给自足，他们可能觉得孩子和他们一样有韧性和独立性。比如，他们可能没有意识到情感亲密的重要性，而是想要给出建议、分析行为后果，或者采用一些培养孩子独立性和责任感的育儿方式。由于自己很早就成熟起来，他们可能不知道如何以积极的方式一点点培养孩子的独立性。结果，他们可能反复切换，一会儿频繁地为孩子规避自己的童年经历，一会儿期望他们无须指导和情感滋养也能在情感方面变得成熟。如果你在成长的过程中，总是独自满足自己的心理需求，那么在养育自己的孩子时，你很难找到平衡。

接下来让我们看一看，如何帮助你与情感不成熟的孩子建立联结。在这段关系中，你更像是孩子的大朋友和导师。

策略

父母帮助情感不成熟的成年子女的最好方法是为他们寻求心理治疗。这是改变代际遗留的有害关系动力的最好方法。许多情感不成熟的成年子女的问题都反映了其父母未治愈的童年问题。

应对情感不成熟的成年子女与应对情感不成熟父母非常类似。你需要将自己的需求看得和他们的一样重要，为自己的幸福设定健康的边界，不要陷入虚假的道德义务或不健康的自我牺牲之中。让你的情感不成熟的成年子女知道，你希望他们与你一起思考解决方案，而不是总是索求帮助，因为你认为他们能够成为自我引导的成年人。

你可以和你的成年子女开诚布公地谈一谈，共同制订一个新的计划，目标是让他们逐渐自力更生。询问他们是否愿意接受这样的计划，向他们解释你能提供什么帮助，你的边界在哪里。这将为你们之间的情感亲密和坦诚分享打开一个新的局面。包容他们的观点，但不要让自己筋疲力尽。在支持他们和照顾自己之间找到平衡。要知道，最重要的目标是逐渐引导这段关系，有一天你们能够很好地建立一种互惠的成人关系。出于各种原因，一些情感不成熟的成年子女可能总是需要更多的关注和支持，而无法提供等价回报，但当你说出自己有设定边界和自我关怀的权利时，你会对你们之间的互动感觉更好一些。

最后，避免通过突然切断支持的这种“严厉的爱”，来逼迫你情感不成熟的成年子女快速成长。被抛弃的感觉不会让人变得强大，某些成年子女可能有一定程度的心理障碍，这种突然切断支持对他们来说是灾难性的。在这种情况下，某种持续的外部支持可能是他们生存的必要条件，你不必是唯一提供这种支持的人。给自己和孩子一些时间来寻找解决方案和外部资源，朝着共同的目标努力，即要么更加独立，要么找到适合你们双方的有效支持。

自我探索

如果你不愿对你情感不成熟的成年子女设定边界或者拒绝他们，那么你可以用书面形式弄清楚自己到底害怕他们什么。是什么让他们的行为如此有效地驱动你满足他们的愿望？

当你的成年子女对你不满时，你通常会如何回应？你们是有共同解决问题的方式，还是通常只有一个人“赢”？你希望改变你们之间的哪些沟通行为？你能把这种新方法推荐给你的成年子女，并征求他们的意见吗？

◌ ◌ 提示 ◌ ◌

无论是情感不成熟的父母还是情感不成熟的成年子女，他们的情感胁迫都会诱使你无视自己的需求，屈服于他们当下的危机。但是，如果你想要你们的关系变得更健康、更互惠，你就要中止不加思考的自我牺牲行为。对于情感不成熟的成年子女，我们的目标是为他们提供帮助，使他们逐渐拥有自主性和自我效能感，而不是获取更多的权利。你可以明确地向他们解释你的情感资源和物质资源的有限性，同时提供必要的指导和鼓励。帮助他们在家庭之外寻找资源可能成为另一个重要目标。与他们坦诚地交流，友善地设定自己的边界，你正在向他们展示，人们如何尊重他人的需求和边界。你所设定的边界能够令双方都受益。

我仍对情感不成熟者感到恐惧和抱歉

质疑与情感不成熟者之间的关系基调

就像蹒跚学步的孩子一样，情感不成熟者确信问题都不出在自己身上。对于孩子来说，似乎不公平的事情总是神秘地发生在自己身上，自己什么错误也没犯。他们还没有发展出保持客观的能力，因此常常在遇到困难时责怪他人。他们感受不到自己是如何影响他人的，当然也不会反思自己是怎样给自己的生活带来麻烦和不幸的。同样的道理也适用于情感不成熟的成年人。

这些性格特征在那些有优越感和自恋特征的情感不成熟者身上尤为明显，在相对温和的被动的情感不成熟者身上也能看到。被动的情感不成熟者通常与强势的情感不成熟者相生相伴，默默应和伴侣的投射和外化。被动的情感不成熟者可能自己不会愤怒地指责他人或保持冷漠，但他们会为这样做的伴侣找借口。

在他们看来，在这个世界上，他人要么支持他们，要么反对他们。他们的世界观似乎在督促他们，做好准备面对愤怒和轻视。

以自我为中心的情感不成熟者总是对被冤枉或不受尊重的迹象保持警惕，我把这种生活态度称为“受害观”。受害、不公平、不公正是他们人生的核心和意义所在。他们人生故事的情节主线是，有人阻止他们过上最好的生活，应该有人出面纠正这种不公。这些情感不成熟者从来没有意识到，他们的需求和歪曲观念是如何加剧他们的问题的。难怪他们的孩子会对父母的不开心感到内疚和担忧。强势的情感不成熟者让孩子觉得，他们应该填补父母所有的生活所需。

一点点的意见分歧都会让自恋型情感不成熟者感到你在和他们作对。在压力之下，他们会变得相当偏执，觉得自己被恶意中伤、被强迫做事。他们的愤怒和猜疑会迫使你自我审视，在细枝末节处寻找自己的错误。

在这种情绪气氛中，人们很容易感到恐惧，担心冒犯他人。你永远无法满足情感不成熟者，因为他们追求的就不是快乐与满足，他们只是想证明自己是受冤枉的一方，尽管他们自己才是麻烦制造者！

难怪你会感到不安和抱歉。你感觉这是唯一一种心态，能让你和常常感到被冒犯的情感不成熟者和谐相处。只要一想到这些喜欢评判的人不高兴，你就想做所有事情来安抚和讨好他们。你觉得只要自己害怕他们，接受他们的指责，就可以避免更大的冲突。为了证明他们的不满和愤怒是合理的，你甚至会牺牲自我。

情感不成熟者在人际关系中的立场是，他们对事情享有最终决策权。他们不关心因果或动机，总是确信自己明白某人为何做某事。你发现自己面对情感不成熟者的这种自我确信感时，常常陷入自我怀疑，变得犹豫不决，那是因为你知道，表现得自信可能会引发冲突。

为了说明如何应对这类情感不成熟者，接下来让我们看一看，我的来访者山姆是如何改变与父亲之间的关系的，现在他在父亲身边时不再感到恐惧和抱歉。

山姆的父亲卡尔在山姆三年级的时候离开了家庭。卡尔住在离原来家中仅几个小时车程的地方，却很少跟山姆联系。山姆渴望得到父亲的关注，但卡尔对与儿子相处兴趣不大。多年来，山姆一直忍受着痛苦和失望因为父亲并不关注他，大多数时候都跟他保持距离。然而，山姆的女儿在大学毕业前成为一名出色的职业足球运动员，卡尔想来参加她的毕业典礼和签名活动。山姆的女儿对祖父是否出席并不在意，把决定权留给父亲山姆。

卡尔表现得像是一个关心孙女的祖父，希望出席毕业典礼，山姆并不是很欢迎父亲的到来。山姆决定在女儿毕业典礼前约父亲见面，看看他们现在能否聊得来。山姆要求父亲留出一个小时的时间，跟他喝杯咖啡、聊聊天，争取在毕业典礼前消除之前的误会，而卡尔并不喜欢这个一对一见面的想法，觉得山姆的要求并不合理。他不明白为什么自己不能出席孙女的毕业典礼，这件事就此打住了。

山姆不想让童年时与父亲之间难以令人满意的浅层接触延续下去。

于是山姆决定这样做：他认为自己的需求和卡尔的需求同等重要，因此向父亲表达了自己的期望，并明确表示这次提出拒绝的是自己。他知道他在以一个成年人的身份向另一个成年人提出合理的要求，而并没有任何侮辱性或过分的表达。山姆对坚守自己的边界感到有点焦虑，有点想要道歉的冲动，但他不再关心父亲是否感到被误解、委屈、不舒服。他没有做任何不尊重父亲的事，只是提出想要见面聊一聊，为一起庆祝女儿的毕业典礼从而缓和关系。他不是侵犯者，他的父亲也没有成为受害者。

卡尔因此决定不来参加毕业典礼了，而让孙女之后给他寄照片。山姆对这个结果很满意，因为他和父亲进行了坦诚的交流。虽然卡尔躲避真正的交流和亲密，但山姆这次感觉很好，因为他坦诚地说出了自己的需求。这次他没有让父亲定义他们的关系，而是作为一个参与者（而不仅仅是旁观者）与父亲交流。山姆已经做好准备面对父亲的任何反应。他不再感到害怕或抱歉。

接下来让我们看一看，你可以采取哪些步骤，来与表达不满的情感不成熟者平等地交流。

策略

首先，当你得知你要与一位权威型或拒绝型的情感不成熟者互动时，你可以提前做好准备。想清楚你想说什么，写下大概的信息，总结你想要传达的内容。然后大声说出你想说的内容，说三次，以此来练习你的沟通能力，想象自己正面对着他们。你不必把你想说的内容表达得尽善尽美，只要突出重点就可以了。这项练习有些难度，你可能感到有些尴尬，但它能够锻炼你的思维。有意识地抑制自己道歉的冲动，你不需要为了自己的需求而道歉。

然后，在当下的情境中评估你的要求：你的要求是否合理？你是否在要求一些并不寻常的事情？你是否有正当的理由提出这个要求？你要预料到，情感不成熟者可能不理解你，可能反驳你。接受这样的事实：由于习惯的力量，你的某些自我层面可能在整个过程中都继续感到担忧和抱歉。

最重要的是，不要忘记你在这段关系中是平等的参与者。当你没有做错事的时候，就不应该对他人怀有恐惧或抱歉的态度。回顾你的“权利宣言”（见附录D），在“设定边界的权利”之后，你有权在没有充分理由的情况下说“不”。

自我探索

在你的生活中，谁曾对你进行情感胁迫，让你感到抱歉？当你和这个人互动时，你对自己的感觉如何？

如果有一天，你能够表达自己的喜好，礼貌诚实地说出你喜欢什么、不喜欢什么，无须顾及他人的反应，不必感到抱歉，或为自己的选择辩护，你会有什么感觉？

◌ ◌ 提示 ◌ ◌

情感不成熟者可能已经把你训练得缄口不言，使你一旦没有顺从他们的意愿就心生歉意。然而，现在你作为一个成年人，可以要求得到对成年人的尊重，即使权威型的情感不成熟者觉得你的独立是一种对他们的侮辱。当你向他们表达你的喜好时，让他们感受他们的愤怒、不适、不快。你肯定没想伤害他们，你所做的一切都是为了照顾好自己。友善并不意味着你要为自己的存在感到抱歉。

我很在意他们的反应，难以表达真实想法

即使情感不成熟者不喜欢听你讲话，你也要保持自我主导权

你可能发现，与朋友分享你的想法很容易，在工作中坚持自己的观点也没有问题，但与专横的情感不成熟者在一起，你可能会本能地僵住，无法发表自己的意见，认为自己要尽可能地让他们开心。这种自我主导权的剥夺源于，对情感不成熟者的评判和被拒绝的深深恐惧。

避免情感不成熟者不高兴，这是一种自我保护的本能，但是一直默默接受你不赞同的事情会让你非常紧张甚至生病。你之所以信心不足，是因为你害怕情感不成熟者会因为没有得到你的优先考虑而让你付出代价。但凡你有些自己的喜好，就会伤害他们的感情，他们会感到非常震惊。他们的期望是，你完全遵循他们的引导，不出任何意外。说出你的所思所想，就要冒着这样的风险——被认为是疯狂、糟糕、自私的。在可能获得这些反馈的情况下，难怪你常常感到无言以对。

情感不成熟者的易怒和过度反应是众所周知的。他们往往都有创伤性经历，对轻微的威胁也会产生一触即发、肾上腺素激增的反应。即使是明显轻微的压力也会触发旧的创伤记忆，使他们情绪失控或发动攻击（van der Kolk，2014）。他们的神经系统随时做好准备对刺激做出过度反应，即使是一个简单的意见分歧。

动物应激研究有助于解释这种过度反应行为的原因。长期从事压力研究的罗伯特·萨波斯基（Robert Sapolsky）开展了一系列实验来测试电击对老鼠健康的影响。在一些实验中，受到电击的老鼠能够去往笼子的另一端，那里有一只没有受到电击的老鼠，这时受到电击的老鼠会去咬那只老鼠。受到电击的老鼠如果有机会咬“无辜”的老鼠与受到电击后没有攻击对象的老鼠相比，前者患有压力相关疾病的概率更低。同样，受到电击的老鼠如果有机会啃木块，健康状况也会更好。如果在遭遇电击时，老鼠有一个杆子可以按压，即使这个杆子并不能阻止电击，老鼠的健康状况也会更好。

总而言之，在受到电击后能够攻击其他老鼠，或有其他积极方式释放压力的老鼠受到压力激素所导致的健康损害更少。这些研究发现表明，当老鼠可以通过某种行为“传递”或消除压力时，老鼠会暂时地缓解压力。

很明显，这与情感不成熟者在遭遇压力时的情况有相似之处。他们在与人交往时常常表现出老鼠在受到电击后的反应。他们会条件反射性地发泄自己（多年前）的压力和伤害所带来的痛苦，在他们心烦意乱时对在场的任何人发泄。他们常常把他们的愤怒和痛苦传递给不幸遇到他们的人。如果你遇到的情感不成熟者有着创伤性的童年经历，却从未接受过心理治疗，他们可能通过苛责你来释放他们早期的压力。一旦你被容易紧张的情感不成熟者"咬"了一口，你就会害怕说出任何可能令他们紧张的事情。

攻击性或控制性的情感不成熟者似乎一直处于慢性压力状态，就像那些实验室老鼠一样，很难管理自己的压力。他们可能会通过让你不舒服或强迫你服从控制的方式，来将旧有创伤或当前的压力转移到你身上。然而，忍受这种"传递"的痛苦并不是你的责任。当他们被过去的创伤触发，需要把压力转嫁给他人时，稳定他们的情绪并不是你的责任。

如果你（一个内化型的成年子女），曾经是情感不成熟者发泄愤怒的对象，或者看到过他们这样对待他人，你可能已经习得，更明智的做法是不进行任何对抗。许多内化者已经学会让自己的适应性更强、表达更少，这样情感不成熟者就很少"被激怒"了。不幸的是，如果你将这种条件反射式的自我保护默认为自己的胆怯或软弱，那么这个解决方案可能对你的自尊造成伤害。

面对强势的情感不成熟者，你可能难以表达自己的真实想法。然而，如果将其视为过去的不愉快遭遇，这种困扰可能是适应性的。作为一位内化者，你可能默认自己没做好，不应该令他们难过。在面对过度愤怒或夸张的情感不成熟行为时，无声的震惊可能是你所能做出的最好反应。然而，一旦你明白，情感不成熟者的强烈反应可能源自过去的创伤，与你没有关系，你可能就不再觉得向他们表达自己的真实想法是错误的。

了解情感不成熟者会通过"咬人"传递过去的创伤或压力后，你的抗压能力就会增强。你可以重新定义这种体验，明白这可能与你无关。如果你知道他们会做出怎样的行为——高强度、防御性、责任推诿，以及为什么会这样，你就不太可能感到措手不及。你明白他们的防御性和压力转移可能源于痛苦的过去和较差的抗压能力。过分的情感不成熟反应与你无关，也不太可能由你来解决。

当你了解情感不成熟者过度反应的潜在原因时，他们就不再对你产生强烈的影响。当你最终相信说出自己的喜好是成熟和合理的行为时，他们就无法将你卷入自己的愤怒或失控之中。你可以在心里标记他们的不公行为，并拒绝忍受他们的过度反应，而不是因为害怕他们的反应而感到无力。你的生活意义肯定不在于成为情感不成熟者倾泻创伤、压力、愤怒的容器。

接下来让我们看一看，在面对情感不成熟者的压力转移行为时，你如何重新找回自我主导权。

策略

在你回应一个喜欢施压或令人生畏的情感不成熟者之前，一定要先和自己对话。提醒自己，他们的情感不成熟反应可能源于他们的旧有创伤或压力，而不是你造成的。提醒自己，他们的一些防御和恐吓行为针对他们的过去，而不是针对你。对自己说：如此强烈的愤怒不可能是我一个人造成的。一定记得，无论情感不成熟者如何回应，你都有权表达自己的想法和感受。要知道，你和你的喜好有存在的权利，你有说话的权利，他们可以处理自己对此的感受。你永远不该感到自责，一些事情只是他们的想法，他们觉得是你在惹他们生气，然而事实可能并非如此。

即使你只是在心里想你想说什么，这也很重要，说明你开始

"解冻"了。如果你当时无法说出什么，你可以之后再和他们交流。当你一时难以与情感不成熟者面对面交流时，发送电子邮件、信息和写信都是很好的选择。时机并不重要，你觉得自己准备好了就可以给他们写信。当你不再对他们令人不悦的反应保持沉默时，你就改变了之前错误的想法，即你因为做自己而在某种程度上虐待他们。

自我探索

当你把令人生畏的情感不成熟者重新定义为不善于管理压力的人时，你会有什么感觉？想想看，对于一个成年人来说，仅仅因为你坦诚说出了自己的需求和观点，就感到心烦意乱，这是多么奇怪的事情。

当你知道，担心情感不成熟者的反应是你预测异常行为的健康尝试，从而在心理上做好准备时，你会有什么感觉？在他们面前为自己发声时的焦虑不是因为你怯懦，而是基于不良的对待而做出的明智的心理准备，你又会有什么感觉？

提示

你有充分的理由担心情感不成熟者的反应。他们的防御和否定总是让你后悔开口。然而，每次你有自己的想法或者说出自己的观点时，你都在肯定自己有偏好、观点、感受的权利。你也在练习，即使在棘手的关系中也要忠于自己。无论是有自己的想法还是说出自己的观点，你都在增强自己的力量感，不再仅仅为了让他们感到舒服而隐瞒自己的内心。你通过说出自己的想法，给了他们一个真正了解你的机会。一旦你们的关系不再建立在旧有假设上，即他们的愤怒说明他们是对的，你们的关系就会变得非常不同。

我该如何与他们沟通

沟通技巧及其局限

首先，让我们思考一下，为什么你如此渴望找到一种方法来了解情感不成熟者。如果你掌握了完美的沟通技巧，你希望从情感不成熟者身上获得什么呢？也许你会知道如何开启谈话，引起他们的兴趣。也许你会非常生动地表达你的感受，试图引起他们的注意，从而第一次好好了解一下你。无论你的期望是什么，你都一定希望自己能够与他们建立一种联结，共享真正的亲密和理解。

如果你是一位内化者，你可能已经在努力增强自己的沟通和人际交往技巧。内化者知道，善于交谈和倾听是使人际关系更令人满意、沟通更有效的最好方法。更深层次的交流能够增强联结，令你们的互动更有意义感。你可能觉得，掌握更好的沟通技巧能改善你和情感不成熟者的关系，使你们更亲近。然而，你可能感到失望，因为情感不成熟者处理人际互动的方式即使不会使沟通中止，也会令沟通变得困难。

沟通的有效性取决于听众是否愿意参与，而情感不成熟者往往缺少这种意愿。当一个人想要理解你的时候，你如何表达自己都能够得到理解。同样，如果一个人不想理解你，你怎么说也无法得到理解。你无法单方面让对你不感兴趣的人理解你的观点。即使是世界上最厉害的沟通者，在面对思维封闭或视角不同的人时，也可能沟通失败。

在考虑如何与情感不成熟者交流时，你要知道，他们在情感上就像一个孩子：非常以自我为中心，很可能把你说的每句话都当真。他们会带着情绪和非黑即白的思维方式来倾听，做出情绪化的防御反应，常常妄下结论。

你可能觉得自己只是在明确地分享自己的感受，但他们在整个过程中都会紧张地将你视为威胁。他们不觉得对人分享感受和敞开心扉是建立亲密关系的理想方式。相反，他们可能更喜欢一起做点儿什么或者参加更大规模的社交活动。他们对他人的内心世界不怎么感兴趣，因此他们不明白谈论更深层次的情感体验有什么意义。他们无法理解为什么有人有这种需求，他们觉得这样的“谈话”很无聊，感觉就像一场竞赛，需要有输有赢。

除了情感分享以外，许多情感不成熟者也对客观的讨论不感兴趣。回想一下，对他们来说，现实就是他们的感觉，而不是理性或可验证的事物。他们不觉得有义务跟随你的思路思考。他们宁愿省下这些时间直接告诉你他们的看法，而且他们往往会认为其他人也应该这么想。

情感不成熟者渴望确定性和明确的答案。他们希望事情能够得到解决，而不是走向开放式结局，他们没有兴趣从不同的角度考虑问题。要知道，试图让他们参与开放式的分享可能让你很有挫败感。他们想要跳过与情感和人际关系相关的东西，尽快回到能让他们感到安全的状态中。这不仅会阻碍真正的交流，还会让你觉得自己一直在敲一扇紧闭的大门。

出于这个原因，有时你只是太累了，不想与情感不成熟者交流和沟通。如果你有意识地选择此刻不与他们接触，你并不是软弱。有很多原因可以解释为什么某一天你不想联系他们。那天你可能感觉自己有点脆弱，或者感觉太累了，不想继续交流。有时候，尝试进行坦诚的交流比交流本身更耗费精力。你避免和他们交流也可能是为了避免在交流后感到生气。这些都是明智的、有意识的选择。如果你决定这次放弃沟通，这并不是一种失败。实际上，真正的联结可能本来就是潜移默化的。

但是，尽管如此，你可能偶尔仍有想要“理解”你生活中的情感不成熟者的冲动。

如果他们曾经放下防备，短暂地与你进行毫无保留的互动，你当然希望再次经历这种情况。不幸的是，这些时刻——情感不成熟者解除自我防御短暂地显露真实的自我——是罕见的，因为情感不成熟者的自我保护倾向会让他们避免情感亲密。当你们的注意力集中在共同的活动上，互动即将结束，没有多少隐私，或者频繁被打断时，你们可能在一瞬间感受到彼此之间的亲密。这些联结时刻也可能发生在情感不成熟者怀旧，或者面临生活挑战开始审视人生的时候。然而，你无法强迫他们与你建立联结。你只能对它的偶尔出现感到欣慰。

接下来让我们看一看，在尝试与情感不成熟者交流之前，你应该如何做好准备。

策略

如果你清楚自己在互动中的目标，那么与情感不成熟者的交流会更有收获。在和他们讨论任何事情之前，问自己以下几个问题。

1. 现在开启这个对话很重要吗？
2. 我最想聊聊的一件事情是什么？
3. 即使他们无法理解我，我是否仍为自己的努力感到骄傲？

做好准备，让谈话简短一些，目标明确。要知道，你说得越久，他们听进去的就越少。

自我探索

回想你生活中的一位情感不成熟者，过去的或者现在生活中的都可以，你与他的交流很困难。你最想让这位情感不成熟者理解的关于你和你的生活经历的一件事是什么？

你最想从这个情感不成熟者那里听到的一件事是什么？你一直希望他对你说些什么？把这个珍贵的愿望写下来，想一想，如果你听到了最想听到的事情，会有什么不同？

◌ ◌ 提示 ◌ ◌

你渴望以更深入的方式交流，这是你渴望联结的健康信号。但是你可能是唯一能够欣赏自己努力的人，因为你是唯一能够看到你所做事情的重要性的人。尽管如此，每当你向情感不成熟者伸出手，冒险展开坦诚的交流时，你都要对自己有信心。你每次这样做都是在扭转沟通卡在表层的趋势。当你真诚地交流时，你至少创造了展开令你感到更充实的互动的可能性。无论交流最后是否互惠，你都会获得满足感，因为你已经尝试了展开深入交流，而不是陷在没人不开心但也少有真诚的对话之中。

我一直努力变得更有主见，但总是不由自主地顺从他们

探索你个性中自我保护的部分

情感不成熟者有时会轻视他人，努力获得所有关注，这可能令人感到有些畏惧。他们不会委婉表达，不会后退一步，当然也不会担心你的感受。在与这样的人相处时坚持自己的主张需要许多精力、决心和勇气。

布丽奇特是我的一位来访者，每当她不得不跟她专横型情感不成熟的婆婆琼打交道时，她都很有挫败感。布丽奇特在琼身边时常常保持沉默，要是与琼有不同的意见，她通常都会选择妥协来维系关系的和谐。她觉得自己在琼面前一点儿主见也没有，责怪自己太懦弱。在心理治疗过程中，我让布丽奇特回想她对琼感到畏惧的时刻，像慢镜头一样详细地描述琼通常如何对待她，这样她就能逐渐明白琼是如何让她退缩的。

布丽奇特记得，每当她发表意见时，琼都会绷着脸，一脸质疑地看着她，有时也会抿起嘴唇，眉头紧锁。她那冷淡的面部表情传达出的满是恼怒和不耐烦，没有一点儿兴趣。如果布丽奇特结结巴巴地勉强说完自己的想法，琼会一句句复述布丽奇特的话，好像在说，没有哪个正常人会说出布丽奇特所说的话，然后琼会以“我们一般会这样做”来回应布丽奇特的不同意见。如果琼觉得自己受到了批评，她可能说些讽刺的话，比如“我大概是个糟糕的人吧”。这样的交流可能让两人在未来的几天或几周里关系紧张，在此期间，布丽奇特觉得自己有责任修补关系裂痕。

通过这项初始工作，布丽奇特开始能够识别慢镜头的每一帧（琼的面部表情、充满质疑的复述、居高临下的姿态）。琼通过情绪排斥和不耐烦来使布丽奇特退缩，但这些行为一旦被识破，琼的反应就会失去一些力量。当你明白有人试图控制你时，你就不容易受到他人的情绪支配。然而，布丽奇特要想在琼面前更有主见，还有很多工作要做。

接下来，布丽奇特必须承认自己个性中回避冲突的那部分。虽然布丽奇特一方面想要在琼面前表现得更有主见，但另一方面她觉得顺从琼更安全。作为人类，我们每个人都有不同的自我层面，这很正常（这与多重人格障碍不同，多重人格障碍是指一个人的意识在内部身份之间来回切换）。但有时这些不同的自我层面会催生强烈的内心冲突，就像布丽奇特所经历的那样。你可以把想要自我保护的那些自我层面想象成“管理者”或“保护者”（Schwartz，1995，2022），它们会自动接管，保护你免受感知到的危险。

布丽奇特拥有想要自我保护的自我层面，迫使她不由自主地顺从他人，维系人际关系的和谐。作为一个成年人，布丽奇特知道她有权维护自己，但在琼的施压之下，她内心的保护者总会自动介入，同意琼的所有要求。我让布丽奇特试着了解这个保护者的过去，以及它的功能所在。

她确信，当她还是个小女孩的时候，她内心的保护者就已经出现了，那时她要应对一个冲动且愤怒的母亲，如果惹她生气，母亲就会打她。布丽奇特在儿童时期就明白了，为自己辩护只会让事情变得更糟。儿童保护自己的手段很有限，当他们发现一种能让他们安全的反应时，他们就会一直做出这种反应，直到它成为一种自动反应。在成年之后，我们的内心可能继续保留着这些保护者，就像布丽奇特面对琼时所做的那样，直到我们有意识地找到新的应对方法。

布丽奇特已经发现自己内心的保护者，但她的工作还没有完成。如果没有这个从童年就一直存在的保护者的支持，她在面对琼时就很难自我肯定。因此我们的治疗工作从那里继续进行，我们一起找出她的保护者害怕的是什么，与保护者一起，一点点地尝试新行为。

你是否觉得你内心有一个保护者，让你在该为自己发声的时候退缩？接下来让我们看一看，你该如何了解这个保护者，如何得到它的支持，以便你在面对专横型情感不成熟者时调整你的反应。

策略

从自我挫败的自动反应中选出一个你希望自己没有做的反应。

不要对自己过于苛刻，你不妨考虑一下，你的某个自我层面引发了这种行为是因为在过去它很有帮助。比如，布丽奇特通过问自己“为什么我的某个自我层面会觉得顺从琼并一直让步是个好主意”来探索她内心的保护者。你可以试着采访自己内心的保护者，试着从它的角度来看待你的行为。不要预设对话内容，而是让保护者的回答自然地出现在你的脑海中。

了解你的保护者的行动口号可能会有帮助。(比如，布丽奇特的保护者的口号是“永远保持安静”。) 这个口号能够清晰地表达，你内心的保护者在你童年时期找到的解决方案。为这种童年时期的策略命名，是审视并更新它的第一步。

接下来，明确这种行动口号背后更深层的生活指引。你内心的保护者的行动目标可能听起来很极端，因为在很久以前，这个依赖于保护者的恐惧的孩子形成了这种自我保护的条件反射。当布丽奇特探索她的口号所代表的童年策略时，她得到了当时自己的两个假设：①被他人接受的唯一方法是完全顺从他们；②如果你不同意他人的观点，他人就会讨厌你。

然后，把这个旧有信念写在一张卡片上，每天大声读两次，持续几周（Ecker and Hulley，1996）。这样做能让你明确隐藏在自己潜意识中的最安全的生活信念，并将其提升到意识层面。不断用这种来自童年时期的极端信念来挑战你的成年人思维，这样你的大脑很快就会抛弃这种想法，因为它不符合成年人的现实原则。

最后，你可以修正旧有信念，将其转化为更有意义的指引。比如，布丽奇特将她更合理的成年人信念列为以下几点：①容易被人接受的方式是善待他们，并找到建设性的方法来解决你们的分歧；②如果你以尊重并寻求合作的方式提出分歧，理性的人可以妥善处理。

将潜意识信念转化为有意识的思维有助于加快转化。当你了解一种行为的原始保护性动机时，你就获得了掌控它的力量。现在你可以从新的角度来理解自我挫败的行为了。

自我探索

当情感不成熟者让你紧张时，你希望自己不做哪件事？描述一种你并不满意的自动反应。

如果某种行为让你感到软弱，挑战自己，找到它对你生活的原始保护性动机。回想一次这种行为在当时的情况下是最明智的反应的经历。那是什么时候的经历？

提示

大多数人只是想克服或摆脱可能招惹麻烦的那些自我层面。虽然看起来没有它们你会过得更好，但每个自我层面都拥有你的一些重要能量需要得到转化，而不是摧毁。童年的自我就像俄罗斯套娃一样保留在我们内心，这是有原因的。许多自我层面能够提醒我们曾经得到的重要的人生教训，提醒我们注意危险。学会倾听它们的意见，看看能否与它们合作，更好地满足你作为成年人的需求。

即使使用新策略，我也感到筋疲力尽

即使成功应对情感不成熟者，我也感到挫败

一旦你更好地理解了情感不成熟者，你就更有信心应对他们。一旦你看穿了他们的情感胁迫，他们的行为就不再那么让你困惑。你可以在情感上保护自己，他们不再可能对你产生情感胁迫。

那么，为什么你仍然感觉待在他们身边不舒服呢？为什么和他们相处仍然是一个挑战？为什么你告别他们回家时仍会感到疲惫、挫败，甚至还会因为自己没有更好地抵御他们的影响而感到恼火？

举个例子，我的来访者吉莉安邀请母亲来家里共度周末。吃饭的时候，即使吉莉安已经告诉母亲，他们正在训练狗不要乞食，母亲还是一直把盘子里的食物喂给狗。无视她的请求是母亲惯常的做法。最后，吉莉安说："妈妈，如果你再这样，我再也不会邀请你来我家了。"她的母亲一笑置之，轻描淡写地应下了，后来的确再也没有在吃饭的时候喂狗了。尽管吉莉安达成了自己的目标，但她仍然感到疲惫和不适，因为她的母亲对她的批评不以为然，也没有道歉。

与情感不成熟者互动也会让他们感到疲惫和不适，因为从童年开始，他们就不得不反复练习治疗师雅各布·布朗（Jacob Brown）所说的“等待”技能。比如，情感不成熟父母的子女在童年时就知道，在寻求关注、帮助、情感交流之前，最好等他们的情感不成熟父母心情转好。在大多数人都会失去耐心并采取行动的情境中，情感不成熟父母的子女过度发展的自我抑制使他们能够静坐不动，让他人占据主导权。这种等待的技能消耗人的大量精力，助长消极行为，特别是在诸如家庭拜访等随意的社交场合。

但也许你不想再被动地等待并顺从情感不成熟行为，让他人占据主导权，你也不再期望情感不成熟者对你的生活感兴趣。对你来说，这是好事！然而，尽管你能为自己补充能量，但与健忘的情感不成熟者不断设定边界本身就让人筋疲力尽。有些人选择少跟情感不成熟者接触，不是因为无法跟他们相处，他们可以很好地跟情感不成熟者相处，只是需要投入太多的注意力和精力。

在跟情感不成熟者相处时，一种健康的行为是，不断提醒自己要自我关怀。这是因为即使情感不成熟者尊重你的要求（尤其是那些有自恋倾向的人），他们仍然会以某种方式表达他们的不满，而应对这种行为是很累人的。自我保护、设定边界、坚持你的主张，以及调整一面倒的话题走向都是情绪劳动。结果，即使你已经成功地坚守自我、设定边界，在离开情感不成熟者时，你仍会产生挫败感。

当你不再试图取悦情感不成熟者时，你就不会感到筋疲力尽了。你和他们保持联系，并试图与他们维系某种联结就足够了。

你不能指望自己享受这个过程。降低你的期望，现实地看待还需要做多少工作、还需要等待多久。

记得表扬自己，没有完全受他们的影响而丧失自我。如果你在面对情感不成熟者时，哪怕只有一次抵抗住了内疚或屈服，你就应该给自己鼓鼓掌。要知道，你的实际目标不是与情感不成熟者建立愉快的关系，而是在有边界的情况下与情感不成熟者进行坦诚的交流。练习礼貌地表达真诚，在做好准备后说出来，在他们让你筋疲力尽之前切断联结。如果你期望愉快的互动，你可能就会产生挫败感。

每次在与情感不成熟者互动时，不要忘记你要求自己做的事情：

1）抽身于他们情感不成熟的关系系统；

2）抵制他们的情感胁迫；

3）与他们的情绪控制保持距离。

如果你成功地与情感不成熟者展开互动，那么你已经付出了巨大的努力，你知道这一点。如果你顺利拜访了像情感不成熟者一样不敏感的人，这可以算作一个巨大的成功。这些努力会让你筋疲力尽。期望自己感觉良好是对自己的过高要求。

接下来让我们看一看，为与情感不成熟者的交流重新设立目标，可以如何节省你的精力，使你不会感到筋疲力尽和沮丧。

策略

在与情感不成熟者接触的过程中，不要等待他们对你表现出兴趣。如果你安排一些不涉及谈话的活动，你会感觉不那么疲惫。

在你“拜访”他们的时候，利用拼图、游戏或手工（比如，做针线活、绘画、填色、做工艺品等）来占据你们的时间。主要是做一些除了直接互动之外的事情。聚餐也是一项很好的活动，因为一起吃东西和整理餐具能给人带来快乐的感觉，这可能是通过谈话无法实现的。

诚然，情感不成熟者以自我为中心，很难为他人着想。然而，你也可能陷入与他们互动的旧有模式中，加剧自己的痛苦。你是不是对他们过于关注？你在谈话中是否有所保留，等待听他们想聊什么？你是否在互动变得无聊或令你疲惫时，仍被动地忍受？

如果你与情感不成熟者在一起的时候感到筋疲力尽，那就用这样的想法来提醒自己：是否要让这种无聊的情况继续，取决于我。我现在能做些什么让自己开心一点儿呢？你不再是一个只能顺从不能说话的没有主见的孩子。虽然你很擅长等待，但你可以直接转换话题。不要让无聊变成一种习惯。把互动的方向转向你更感兴趣的话题或活动。

停止迁就他们，休息一下，进行你喜欢的活动，这样你就很难感到挫败。给自己一些喘息的空间能让自己恢复精力。

自我探索

想一想那些让你感到疲惫的与情感不成熟者之间的互动。他们做的什么事情最让你感到筋疲力尽？

在与情感不成熟者的互动中，只做他们想做的事情感觉如何？从1（容易）到10（困难）的范围内，你觉得将你们的互动转向你更感兴趣的事情有多难？如果你觉得很困难，原因是什么？写下两件你可以尝试的事情，以你想要的方式引导互动（比如，准备好对话的开场白，发起一个特定的话题，询问你所感兴趣的他们的往事，提议完成一项特别的活动）。

提示

一旦你感觉互动停滞不前，就是时候停止对他们的过度关注了。如果他们是你的访客，你可以出去呼吸一下新鲜空气，或者去健身房运动一下，问问他们是否愿意在你完成工作之前看看电视，或者是否愿意在你午睡的时候玩一下益智游戏。更好的做法是，提前告诉他们带一些可以阅读或把玩的东西，因为你需要一些时间来放松。如果你降低自己的期望值，并在和他们相聚之前就把这些事情安排好，你就能够正向地阻止很多事情发生。你越不被动，就越不会感到挫败。

我总是在想情感不成熟者如何冤枉了我

平息愤怒、矛盾、强迫性思维

人与人之间的关系是由复杂又矛盾的经历组成的。当你和情感不成熟者有着紧密的联结时，你会非常深入地了解他们，无人能及地依赖他们（Bowlby，1969）。在这段特别的关系中，尤其是当他们是你的家人或伴侣时，你会接触到情感不成熟者的各个自我层面。通过许多日常的互动，你会接触到他们最糟糕的特质，他们也会看到你的各种缺点。

被情感不成熟者（或家人）照顾，然后又被他们冷漠对待，这种反复会加剧孩子的不安全感和情感依恋，从而产生矛盾的心理。对此孩子的自然反应是，不断回到并不令人满意的关系中建立更多联结，满足自己的依附的冲动。比如，如果你在童年从父母那里得到的爱远远少于你所需要的，那么当你长大之后，你可能无意识地继续将他们视为影响你满足感的关键。

不幸的是，当你很爱情感不成熟者，特别是当他们是你的家人时，你的心就像一只总是飞回空巢的信鸽。你想要的是，你曾经偶尔感受到的爱和亲密，但事实是，你可能一次又一次地感受到他们的局限性。

面对这些挫折，你自然会对情感不成熟者感到失望，愤怒也会不断累积。专注于情感不成熟者给自己带来的愤怒和不公感，尝试解决自己有情感需求同时感到挫败的矛盾心理。除了被这些情绪来回拉扯之外，你还会抑制自己对他们的依恋，专注于自己愤怒的合理性，来缓和紧张气氛。你会跟他们站在对立面，反复咀嚼他们的缺点，回想他们对你的不友爱和忽视。如果情感不成熟者（或家人）为自己的行为辩解，否认他们做错了什么，你可能更加觉得自己应该感到愤怒。

当对某人的强迫性愤怒令你产生挫败感和纠缠心理时，可能是时候探索背后的原因了。比如，对情感不成熟家人的强烈愤怒通常是爱、愤怒、背叛感、无助感的猛烈混合。很多时候，这种强迫性思维实际上是你在痛苦、矛盾的困境中想要找到解决方案的一种求助信号。在这种情况下，你的内心有太多相互拉扯的情绪，为了避免痛苦，你的内心会让你的大脑寻找解决方案。之后，大脑会做它唯一能做的事，那就是过度简化，这样才能思考。当它试图为一个复杂的情感问题寻找一个简单的智性解决方案时，强迫性思维就会出现。与此同时，愤怒成了烟幕弹，遮蔽了所有的情感依恋、背叛感和无助感。然而，真正的解决方案是探索所有这些感受，这样你就能逐渐扩大你的情绪容量，应对强烈的矛盾心理和体验。

应对背叛感和无助感尤其痛苦。它们的存在通常暗示着，关系问题已经达到了创伤性的程度，甚至可能威胁你的生存。比如，情感不成熟父母就是不太理解深层情感，他们很可能令孩子徘徊在情感无助之中，甚至意识不到自己对孩子的影响。孩子对父母的爱会因为这种令人痛苦的失望情绪充满矛盾。

然而，不管你有着怎样的愤怒和痛苦情绪，在你的内心深处，可能仍有一个小孩继续爱着你的家人或其他情感不成熟者，不管你对他们生气的理由多么合理，你仍然依恋他们。在处理这种爱与愤怒的混合情绪时，你要知道，你的内在小孩可能高估了成年后的你从这些旧有关系中的收获。

我接触过很多有情感不成熟父母的来访者，他们成年后的生活非常幸福，人际关系也很稳固，但他们仍然总是想要赢得父母的爱，尽管他们目前的人际关系已经满足了他们未解决的童年需求。他们似乎无法放弃这种“斗争”，除非能够以某种方式迫使父母关心他们。我是这样向一位女士解释这种关系动力的：“这就像你有一大袋钻石，你的母亲有一袋硬币。尽管你有那么多的钻石，你还是想从她那里得到一些硬币。”

在处理你对情感不成熟者的愤怒和矛盾心理时，你可能发现你已经不爱他们了。事实上，你可能很久以前就已经忘记了爱他们的感觉，但你的愤怒遮蔽了你的关注。现在作为成年人，你可以，也应该诚实地面对自己对他们的情感（或者情感的消失）。除了你自己，没人需要知道你对他们残留多少依恋，你只需要对自己诚实。即使你想与情感不成熟者继续保持联系，你也可以考虑自己的真实感受，接受他们能够给予的的任何程度的关系。

接下来让我们看一看，如何在情感上诚实地面对自己的所有感受，这样你就可以停止那些心理困扰，它们遮蔽了你对自己真实感受的更深层的认识。

策略

首先，接受这种矛盾心理，它助长了你对情感不成熟者的强迫性怨恨。当你有这么多的愤怒和这么多的爱时，你的感受会很矛盾。你也许会让自己在对这个人的愤怒和情感需求的两极之间自由移动，告诉自己每种情绪都是真实和合理的。承认你们的关系充满了依恋和伤痛，这就是现实。

然而，一旦你意识到了这两个极端，你的目标就不再是继续纠缠于愤怒或未经满足的需求，而是为你所遭受的虐待感到悲伤，并逐渐将注意力转向自我关怀，寻找其他更令人满意的关系和友谊。

不要让愤怒分散了你丰富自己更深层人格的使命。对情感不成熟者所培育的光环祛魅，直到你能够客观地将他们当作你生活中的人。想想看，你的愤怒可能人为地加强了你们之间的关联。只要你在精神上和他们做斗争，他们就永远不会失去他们在你生活中的主角地位，以及他们在你生活中的情感光环。将他们视为你生活中的强劲对手，可能说明你最终还是不愿放弃他们。

有时候，将紧张的关系转变为更中性的关系，感觉像是一种丧失，即使这是为了你的自我解放。这的确是一种真正的丧失，你失去了一个过去的梦境，在这个梦境中，情感力量强的人最终给予我们作为孩子所需要的东西。然而，你可以在现实中书写一个更好的故事，一个你赋予自己权利和力量，让你的个性蓬勃发展的故事。

自我探索

回想一次你对情感不成熟者感到极为不满的经历。他做了什么让你如此生气？哪些事件让你感到困扰？这种愤怒掩盖了你的什么情绪？

描述一下你对这个情感不成熟者的矛盾感受。你觉得自己被哪些感受来回拉扯？把你对他的矛盾感受列成两类。消极的感受之中有积极的情绪吗？积极的感受之中有消极的情绪吗？总的来说，你对他依恋的基调是什么？当你和他在一起的时候，你能感受到爱吗？还是因为他曾经是你生命中重要的一部分，因此你才努力去感受？

提示

思考自己最愤怒的那个自我，为什么如此密切地关注你经历的不公。这个苦涩的自我层面隐藏着更深的东西，你最终会找到它的。审视这个强迫性愤怒的自我，如果它缓和下来，你害怕会发生什么（Schwartz，1995，2022）。你对愤怒和责备的固守态度是在保护你不去了解什么，是关于自己的感受，还是关于有问题的情感不成熟者的感受？闭上眼睛，深入思考这些问题。如果你发现你真的不喜欢这个人，你对此的感受如何？如果你发现你确实爱他，仍然想要接触他，你对此的感受如何？探索你对这个情感不成熟者的矛盾感受，可以帮助你为所有的复杂情感腾出空间，这些复杂情感一直在助长你的愤怒和矛盾感受。

我一定要原谅他们吗

在难以原谅他人时寻找其他选择

原谅他人不是你能强迫自己去做的事情，而是一种心态，当你准备好后，你才能进入这种状态。强迫自己原谅他人会给人无故平添负担，因为很多人可能需要一辈子的时间才能原谅某人，而且可能永远都无法原谅。原谅并不是一个真正的目标，它更像是消化某事多年后得到的副产品。

原谅了你生活中的情感不成熟者确实可能让你感觉好一些，但你真的能做到这件事吗？坦白说，这是你想要的解决方案吗？强迫自己原谅他人可能会适得其反。

你可能无法原谅他们，永远无法宽恕他们曾经对你做的事情，然而你可能仍然想和他们保持联结。选择跟情感不成熟者保持联结并不代表你需要否认或擦除过去的经历，这只能说明，你维系这段关系的原因与你所经历的痛苦并存。

也就是说，如果情感不成熟者为他们所做的事感到抱歉，为伤害你承担责任，并想要做出弥补，那么他们可能更容易获得原谅。你感到他们真正理解他们做了什么，不是因为想要哄你而说对不起，而是为自己的所作所为感到抱歉。我们往往对这样的人更宽容一些，因为我们会认为他们理解并尊重我们的感受。

当对方请求原谅时，总是更容易得到原谅。然而，情感不成熟者通常不会请求原谅，因为他们确信自己是对的，他们本能地否认或回避任何让他们感觉不好的事情。而且，由于他们一感到有点儿亲密就马上退缩，因此他们可能不会主动请求原谅。

总的来说，情感不成熟者通常缺乏真诚道歉所必需的同理心和自我反思。他们非常坚定地以自我为中心，希望你从他们的角度了解情况。他们确信，只要你了解他们的经历，你就会觉得他们的行为完全合理。这种自我辩护的态度，更有可能让关系更加疏远而不是以原谅收尾。

家庭社会学家卡尔·皮勒默（Karl Pillemer，2020）对关系疏远进行了研究，他认为许多人不会道歉或弥补，因为他们的自尊不会允许他们这么做。虽然他的研究并未明确指向情感不成熟者，但他关于家庭关系疏远的发现是与之相关的，因为情感不成熟行为往往是关系破裂的因素之一。皮勒默在他的关系疏远研究中发现，许多人都陷入了**“防御性忽视”（defensive ignorance）**，即对自己做错的事情视而不见，这是一种常见的情感不成熟行为。尽管皮勒默发现，有少数人确实在疏远的关系得到修复后自发地道歉了，但这些人若站在指责的聚光灯下就不会道歉。对我来说，这说明希望他人道歉或请求原谅是件很难的事，尤其是在其承受着一定压力的情况下。

对情感不成熟者来说尤其如此，因为他们在情感沟通和解决冲突方面的能力有限。如果你告诉情感不成熟者他们伤害了你，他们可能闪烁其词，比如说："好吧，那你想让我说什么？"他们不一定表现得抗拒或乖戾，而是不知道如何跟你和解，因为从来没有人教过他们怎么做。如果你决定教一下他们，你可能需要明确地说出你想让他们做什么，即承认他们伤害了你，明确地向你表达歉意，并请求你的原谅。在他们的人生中，你可能是第一个向他们展示如何修复重要关系的人。

如果你无法原谅他们呢？你们的关系还有什么可以发展的余地？你不必原谅他们所做的一切，但你可能有新的理解，关于他们的情感局限以及你在这段关系中能够得到什么。你也可以尝试从更客观的角度看待他们的行为。

比如，你可能发现，如果将他们的不足放在更广阔的背景中看，你就更容易包容他们。你可以试着把他们看作远古人类的代表。也就是说，他们处理压力的方式像远古人类一样糟糕，他们经常用防御性、以自我为中心、不公平甚至残忍的方式做出反应。他们和远古人类一样，用粗鲁且轻率的应对技巧攻击他人，大多数时候都意识不到他们给他人造成的痛苦。有了这样的视角，你可能将他们的行为看作由本能驱动的个人化行为，即他们就是会这样做，与你无关，这样你就有了更多的解决方法，而不是一直努力原谅他们。

当你经历过一些困难之后，你可能发现原谅他人不再那么难。有些人在经历某种生活艰辛之后会自然而然地对他人更包容。然而，即使你也是这样，你仍然要真实地面对自己。过去的一些事情可能让你太痛苦，使你无法通过原谅来消化和接受它们。

即使你最终对遇到困难的他们产生一点同情，毕竟生活不易，成熟并非理所当然，你也不必强迫自己完成原谅这一艰难动作。你可以因为情感不成熟者所做的好事而认可他们，但不必将其与他们所造成的痛苦相抵消。有时候，你可能对他们产生一丝同情，将他们看作心理发展不充分的人，认为他们没办法做得更好了。然而，即使如此，在其他时候，你的内心深处清楚地知道，你永远无法原谅他们。与这种复杂的情感做斗争，会过于简化对原谅的期望，甚至像是一种否认。

包括心理治疗师在内的一些人认为，培养对施压于你的人的同情是释放无法原谅的愤怒的好方法。然而，这种对他人宽宏大量的做法可能适得其反。期望一个受到伤害的人对折磨他的人抱有同理心，这是许多情感不成熟父母的成年子女在童年时被强加的负担。这些过早承担家庭责任的孩子（Minuchin et al.，1967；Boszormenyi-Nagy，1984）与父母的角色互换，成为关照父母情绪的人。他们就应该理解父母并对其有耐心。因为父母的生活如此不幸，所以父母可以肆意虐待他们。我认为心理治疗师在与来访者处理原谅这个议题时，最好不要鼓励来访者产生同理心，这更像是角色互换的一种延续。如果真实自我允许他们这样做，他们会自己生发同理心。和原谅一样，同情不应成为一种目标，而是在应对自己的痛苦的过程中，一个可能出现也可能不会出现的副产品。

最后，让我们考虑一下原谅的另一种方法。在一些国家，比如南非和加拿大，被剥夺权利的一群人所受到的伤害太多太大，以致无法在司法环境中处理。于是，他们成立了真相与和解委员会（United States Institute of Peace，1995），这为被压迫的人提供了说出自己所遭受的苦难的机会。这种模式表明，即使伤害的性质过于严重，施害者无法期望得到原谅，和解也可以向前推进。

接下来让我们看一看，你如何在自己的生活中应用这种和解的方法。

策略

如果你不确定自己能否原谅情感不成熟者，但你不想切断和他们之间的联系，那么你可以展开属于自己的关于“真相与和解”的尝试。你可以告诉情感不成熟者，即使过了这么多年，让他们听到你的心声对你来说有多重要。询问他们是否愿意听一听你的真实想法，或者本着和解的目标，给他们一个机会告诉你他们的想法。要知道，这是真相与和解，而不是真理与原谅。

要使真相与和解有效，双方都必须愿意倾听彼此，而这往往是情感不成熟者拒绝做的事情。如果一方故步自封、防备心强、拒绝承担责任，那么和解也不可能实现。如果你处于这种情况，但你不想与其切断联系，那么你可能放弃说出自己的真实想法，任这段关系随意发展。皮勒默的研究发现，当许多倾向疏远的人保持坚定的边界，不再讨论过去的时候，他们最有可能成功地重建联结。

现在，让我们来梳理一下，在选择原谅重要他人的时候，你有什么感受。

自我探索

回想一个你尊敬或爱着的情感不成熟者，你无法原谅他带给你的痛苦。列出一个两列的清单，写下：（1）你感激这个人的事情；（2）你不能原谅的事情。审视这两个问题的真相，练习容忍情况的复杂性。

想象一下，这个人与你一起经历了真相与和解的过程。写下你想让他们知道的你和他们互动时的真实体验。想象一下，如果他们能够意识到并承认自己所做的事情，他们会对你说些什么。当你想象这个过程时，你有什么感觉？这样的互动会如何改变你对他们的感受？

○○ 提示 ○○

只有你自己知道这个人对你产生了怎样的影响。如果告诉他你的真实感受后，情况并没有改善，你是否仍想保持联系？如果你不想切断和他之间的关系，你能否让你的不原谅和未得到道歉的感受与其他情感共存？即使他永远不承认伤害过你或者做错过事情，你是否还希望他出现在你的生活中？询问自己这些问题至关重要，因为你可能永远无法完全解决和他之间的矛盾。最终，只有你知道自己付出的情感努力是否值得。

一想到我永远不会和他们很亲密，我就感到很难过

努力克服模糊的丧失所带来的悲伤

如果你与父母之间不够亲密，你的成长可能一直处于“模糊的丧失”（ambiguous loss）（Boss，1999）的痛苦情绪状态之中。这种丧失令人难以捉摸，父母就在自己身边，却对自己没有情感回应。这就像不确定地悼念一位失踪者，家人朋友不知道自己是否应该悲伤。当你在经历模糊的丧失时，你可能觉得自己不应该悲伤。你很难确切说出自己失去了什么，但就是有一种奇怪的孤独感。

令人惊讶的是，人们会在仍然活着的人甚至经常联系的人身上感到模糊的丧失。举个例子，孩子的父母离婚了，父亲（或母亲）搬出去住。孩子仍然经常去看望他，但失去了每天生活在一起的那种不可替代的亲密感。那些跟你待在一起，却出于很多原因（如醉酒、成瘾、抑郁、精神障碍）而与你没有情感联结的人也会给你带来一种莫名的孤独感。如果情感不成熟父母没有与你建立情感联结，你可能每天都感到同理心和情感亲密的缺失，这也会令你感到模糊的丧失。

作为成年人，模糊的丧失还有另一个隐秘的因素。如果你在活着的人身上感受到模糊的丧失，你便对解决这个问题常常抱有希望，这会抑制你的悲伤。比如，你可能一直幻想治愈情感不成熟者，让他们满足你的情感需求。尽管这种转变不太可能发生，但你一直希望从他们那里得到你需要的东西，而忽略了你已经失去的东西的情感深度。

如果你的生理需求和社会需求在童年得到了满足，那么你可能很难相信，缺乏情感亲密会对你造成重大伤害。作为成年人，你可能没有意识到，情感亲密和被他人深深了解的体验多么珍贵。这种联结对你的情感健康至关重要，就像微量元素和必需维生素对身体健康至关重要一样。无论在童年还是成年后，当你缺乏情感亲密时，你可能不知道自己丧失了什么，但你无论如何都会受到它的影响。

为了更好地了解模糊的丧失所造成的影响，接下来让我们看一看我的来访者贝弗莉的故事。

贝弗莉把40岁的丈夫乔治送进了一家疗养院，因为丈夫患有痴呆，贝弗莉无法在家中安全周到地照顾他。贝弗莉感到害怕和悲伤，因为她与乔治失去了正常生活，特别是乔治之前一直非常深情和感激贝弗莉的帮助。在疗养院待了一段时间后，乔治认不出贝弗莉了，也不再告诉她自己多么爱她、多么感激她。不管谁关心他，他似乎都会感到满足，与贝弗莉的关系不再有特别之处。

对贝弗莉来说，这是更严重的丧失，她一开始并没有意识到这一点，因为他的变化是非常缓慢的。失去了与丈夫之间特别的联结，是她无法形容的许多模糊的丧失中的一种。当乔治不再用爱意回应贝弗莉时，她变得非常沮丧，不再想去看望他。跟乔治互动时，贝弗莉感觉自己对他来说已经变成了陌生人，这实在太痛苦了，但她又为不想去看望丈夫而感到内疚。她慢慢意识到乔治的冷淡对她的影响有多深，之前是因为她强烈的失落感被她的抑郁所掩盖。在我们的谈话中，贝弗莉意识到，丈夫所带来的丧失感令自己感到深深的悲伤。“他还活着，可我怎么克服悲伤呢？”她问我。

虽然贝弗莉的情况是由乔治的身体状况引发的，但这与许多情感不成熟父母的成年子女和他们所爱的情感不成熟父母的关系相似：父母就在自己身边，却在情感上缺席。贝弗莉的情绪也与许多情感不成熟父母的成年子女相似。虽然他们的父母并没有去世，和他们在一起也有愉快的时光，但孤独和失落的情绪已经渗透到他们的经历当中。

类似的感受也会出现在情感不成熟的关系中，比如与一位以自我为中心的朋友、一位疏远的配偶、一位难相处的老板的关系中。在任何重要的关系中，当建立双方满意且互惠的联结这种合理的期望无法被满足时，你会感到沮丧和情感孤独。同样，你不需要明确自己缺少什么才会感到悲伤。不管你有没有弄清楚，毫无情感参与都会对你产生影响。

像贝弗莉一样，许多情感不成熟父母的成年子女并没有意识到，他们正处于一种被忽视的情绪孤独和无法自我表达的悲伤状态中。他们不知道如何处理自己“非理性”的悲伤感。对于这种丧失，没有任何仪式或慰问，无法描述我们究竟丧失了什么，抑郁的情绪往往把合理的悲痛掩盖。我们可以觉察到抑郁，但仍然不知道我们的内心隐藏着多少悲伤。然而，一旦你将情绪孤独和不安全感定义为一种实际的丧失，你就会深深体会到，在与情感不成熟者的关系中你失去了什么，从而开始对你的丧失表达悲痛。

贝弗莉要想减轻抑郁，就要感受自己深层的、强烈的悲伤。我鼓励她面对自己的痛苦，详细列出她所失去的东西——与乔治在一起时的日常生活点滴，以及与乔治之间的爱意。尽管贝弗莉还没有成为寡妇，但她已经明确乔治的疾病所带来的巨大丧失，并对这个事实表示尊重。仅仅是认识到模糊的丧失这个事实，以及列出与之相关的一点一滴的丧失，就可以帮助一个人应对渴望得到承认的各种情绪。

另外，悲痛并不意味着你要崩溃、不再过好日常生活。你可以回顾自己的生命经历，想象自己已经失去了什么，在这个过程中，在自己的内心深处默默感到悲伤。你可能永远无法摆脱模糊的丧失，但一旦你承认它是真实存在的，你就为自己的悲伤找到了意义（Boss，2021）。你的悲伤肯定了你有爱他人的能力，说明了各种关系对你来说多么重要。

接下来让我们看一看，你如何在自己的生活中探索和应对模糊的丧失。

策略

完成以下两个句子，来识别与情感不成熟者相关的模糊的丧失，关键是将它表达出来，允许自己感受它（Ecker and Hulley，

2005—2019）。找出你没有得到的东西可能有点困难，但要知道，看似微不足道的东西可能至关重要，尤其是对孩子来说。

回想一段重要的关系，在这段关系中，你没有从重要的情感不成熟者那里获得你所需要的联结或亲密感。完成下面的句子，想象你在和这个情感不成熟者说话，告诉他你失去了什么，以及自己受到了怎样的影响。阅读下面的内容，给自己一点时间，然后写出你脑海中闪现的第一件事。

因为你对我的所作所为，因此我没有感受到______。
只要你曾经______，我和你就可以______。

完成每一句话你都会发现，有更多的想法冒了出来。记下每一个冒出来的想法，让自己感受，他的忽视或有害行为所造成的丧失给你带来的痛苦。不管你写出了多少内容，都问问自己能否觉察到自己失去了什么。

也许你自己想到了更多句式，比如“因为你____________”。这些句子是否帮你发现了自己的丧失？

自我探索

回想一次在你和情感不成熟者的关系之外，有其他人注意到了你的失落或悲伤的经历。有其他人关注你的感受时你有什么感觉？

有没有人通过指出你所拥有的一切，来否定你感受到的模糊的丧失？那时你有什么感觉？

◌ ◌ 提示 ◌ ◌

在你完成了上面的句子，明确了自己所体验到的模糊的丧失之后，把你完成的每一个句子都转化为一个目标或可操作的步骤，帮助你现在找回你当时失去的东西。要做到这一点，你可以尝试完成以下这句话：即使你剥夺了我__________，我仍能从我现在的生活中发现更多。你可能有许多想法要写出来，你可以把它们写在你的日记本上。一旦你不再尝试让情感不成熟者成为他们不可能成为的人，你就有更多精力寻找那些愿意关注你的人。

我已经和他们断绝联系，但仍然经常想起他们

为什么疏远不能解决所有问题

疏远并不总是看似直接的解决方式。对情感不成熟者来说，疏远有时候是最佳选择，但它是有情绪成本的。你可能发现，即使你不再和情感不成熟者联系，他们仍然占据着你的思绪。

在关于家人疏远与和解的开创性研究中，卡尔·皮勒默调查具有全国代表性的人群后发现 27% 的人报告自己与家人疏远。根据这个数据推算，那么在美国有大约 6 700 万人与家人疏远。

皮勒默的研究表明，疏远通常有着很高的情绪成本，比如持续的压力感、失落感、被拒绝的痛苦，以及模糊的丧失所带来的持续不确定感（Boss，1999）。皮勒默指出，在生活中切断与某人的联系看似容易，然而维持这种疏远需要大量的情绪能量。此外，他提出，拒绝与某人接触也有开启（或重复）家人疏远模式的风险，你在告诉你的孩子，用这种方式来处理分歧是可以的。

默里·鲍文开创了家庭系统疗法，提到了“情绪阻断”

（emotional cutoff）的现象（Bowen，1978）。鲍文认为，当一个人在完成必要的心理工作，将自己作为独立个体与原生家庭系统分离之前，就放弃了家人，那么无论这些人走得多远，他们的潜意识中仍然存在情感纠缠，仍然携带原生家庭的内化影响，并可能在自己的生活中不知不觉地重演旧有家庭模式。疏远可能是有利于身心健康的一种必要的自我保护，但它并非成为你自己的捷径。

想象一下，如果你跟一个重要他人断绝了联系，你的内心会发生什么。对方是否会从你的思绪和记忆中消失？你是否仍然把他们放在心上，单方面地产生情感纠缠？疏远会让你不再想起这段关系吗？有时候，你可以通过坚守自己的立场而不是切断联系，来促进自我成长。

有时候，断绝联系似乎是你按照自己的价值观生活的唯一方式，也是你摆脱他们的情感胁迫的唯一方式。如果你明确知道自己想要通过疏远实现什么，那么给自己一些空间来做你自己吧。然而，如果你因为愤怒或拒绝而冲动地中断联系，那么你可能的确避免了冲突，但并没有为更强的新的自我认同感做出努力。此外，如果你没有梳理好你的家庭动力，你可能会被新的人吸引，他们可能和你远离的人一样控制欲强或者难以相处。分离看似是一种独立，其实只有自我认识才能发展个性成熟。

当情感不成熟者的行为是虐待性的、侵入性的、控制性的、苛求的或其他有害的形式时，疏远往往是必要的。你们可能在一场激烈的争吵后结束了这段关系，或者情感不成熟者持续忽视你的边界，不愿控制自己的行为。也许他们过于以自我为中心，以致你不想再为得到认可而展开一场注定失败的战斗。也许你因为不断坚持自己的主张，而早已感到疲惫。

如果你与某人处于疏远状态却不断思考这段关系，那么也许是时候评估一下，这种疏远是否如你所愿的那样改善了你的生活。对情感不成熟者的持续关注可能意味着，你仍然拥有情感纠缠，仍然在努力摆脱他们的内化影响。如果你意识到自己常常为这种情感纠缠分心，那么现在就是寻求治疗的好时机，为了你自己，也为了你的后代。

如果你正在考虑与疏远的情感不成熟的家人重新建立联系，那么请思考以下几个问题。如果能保持最佳距离，你愿意和他们重新接触吗？如果能对特定行为设定严格的边界，或者开始更加自我保护地回应他们的行为，你觉得怎么样？不管是否疏远，你总是对自己所处的关系和与他人的接触频率有着最终决定权。

不要担心他们是否会改变行为，而是想想需要怎样改变自己的心态，来让自己安全地重新接触他们。有一天，当你感到即使在他们面前，你也可以拥有主导权和自尊，你就已经做好准备再次接触他们，或者不再接触他们。

问问你自己是否曾经想重新与其建立联系。如果答案是肯定的，那么等待更长时间有什么好处吗？现在就重新建立联系有什么好处吗？时机可能对你的最终决定异常重要。皮勒默的著作《断层线》(*Fault Lines*) 给出了很好的建议，能帮助你在做好准备后重新寻求联结。

然而，如果你觉得情感不成熟者带给你压力，让你感觉自己在被迫提前和解，那么你可以后退一步，重新审视自己是否做好了准备。也许你确实想要重新建立联系，但前提是你感觉这是自己的自由选择。你的目标应该是重新接触，而不是重新纠缠。

尽管如此，有些情感不成熟者还是非常难以相处、令人恐惧，或者咄咄逼人，以致你永远无法与其重新联系。如果你和他们在一起感到不舒服，你绝对可以远离他们。如果他们无视你的边界或者一直试图控制你，你有权与他们保持距离。如果他们做了你永远无法原谅的事情，你完全可以远离他们。你有权远离他们，就是这样，你不需要什么所谓“正确的”理由，你只需要顺从自己的意愿。

现在让我们转移一下注意力，思考一下当前的疏远状态是否对你有益，你是否想要保持当前的状态。

策略

把你的想法和感受整理一下，这能帮助你发现自己在情感上有没有未完成的事情。比如，情感不成熟者需要改变哪些具体行为，你才会和他们保持联系？你要如何改变自己的反应，在他们身边时保护自己的情绪？

你总是想着那个疏远的人，或者总在自己的内心与其对话，这是有原因的。试着用好奇和同情，而不是烦躁的态度来面对这些困扰你的思绪。比如，你可能发现，自己的某些自我层面还在怀念这种联结，即使它们让你感到崩溃。承认这是你的某些自我层面的情感愿望。然后，要求那些有情感依恋的自我层面后退一步，对真实自我提出更宏大、更客观的问题：切断联结是正确的决定吗？你后悔吗？你想改变主意吗？你现在准备好应对它们了吗？不接触它们让你感觉好点了吗？回答这些问题能够帮你弄清楚，为什么你经常想到它们。

自我探索

如果你和情感不成熟者疏远了，你是否为此付出了情感上的代价？

在你切断联系之前，你有没有告诉对方问题出在什么地方？你为什么这么做，或者为什么没这么做？（我没有评判你的意思，你一定有很好的理由来支持自己的决定。）

在你的生活中，有没有你想要与其重新建立联结的人？在你与他们重新接触之前，你们之间的关系需要做出哪些具体的改变？

提示

没有人可以强迫你陪在他们身边，这是你自己的选择。相信你的直觉，决定是否要维系一种已经疏远的关系。即使你并不完全了解这段关系，和他们在一起的不适也足以成为你与其保持距离的理由。如果你觉得，这种疏远对你的持续成长和情绪稳定是必要的，这就是你的答案。然而有时候，疏远像是一种被迫的选择，你觉得无法在一段关系中坚定地表达自己。如果是这样的话，你可以首先获得自信，向他们真实地表达自己，之后也许可以在这段关系中练习你所掌握的技能。

我发现自己也会做出情感不成熟行为

如何应对内在的情感不成熟倾向

我希望你能知道，我们都会时不时表现得情感不成熟，尤其是当我们生病、疲惫、压力很大的时候。问题在于，你情感不成熟的迹象是出现在压力之下，还是这就是你平时与人交往的方式。如果你担心自己情感不成熟，那么让我们回顾一下情感不成熟的典型特征，看看它们是否适用于你。

自我中心主义 人类确实倾向于关注自己的利益，但情感不成熟者的自我中心主义与此不同。“自我中心主义”意味着你过度关注自己而忽视了他人。你没有意识到，虽然他人与自己不同，但他们同样重要。你习惯性地让自己成为所有互动的焦点。在群体中，你讲述自己的故事，不对他人感到好奇。在私下的谈话中，即使对方带着问题来找你，你通常也会插入自己喜欢的话题。

缺乏同理心 当你缺乏同理心时，你不会考虑他人的感受或生活状态。你对他人的问题没有多少耐心，也不怎么考虑他人对你的反应。当人们因为你没有考虑他们的感受而生气时，你会感到惊讶。你说过这样的话，比如“我只是想告诉你我怎么想”“我不能表达自己的意见吗”“你怎么这么敏感”。

逃避自我反思 情感不成熟者很难客观地看待自己，不会怀疑自己的行为，往往也不会反思自己是否引发了什么问题，而是倾向于责怪他人或外部环境。即使对方要求你道歉，你也总是为自己的行为辩护。

情感现实主义（Barrett and Bar，2009） 如果你是一位情感不成熟者，你眼中的现实就是你当下的感受，你往往会基于你的价值观做出判断。你不愿核实事实，不寻求客观的反馈，而是坚持认为现实与你的观点相同。你喜欢宣扬自己的信念，很少质疑它们。如果人们不同意你对现实的看法，你就会感到生气，更努力地宣扬你的信念，并责备他人不知道自己在说什么。

回避情感亲密 如果你是一位情感不成熟者，当有人想和你聊聊情感话题或者你们之间的关系时，你会感到不舒服。当有人试图跟你分享内心深处的感受时，你会想要尽快换个话题。举个例子，如果你的孩子感到不安或害怕，你可能向他保证没有什么好不安的，鼓励他们克服恐惧，或者直接告诉他们不用担心。如果有人对你表达不满，你可能会展开争论，或者扯到别的话题上。你认为情感分享没什么意义，你讨厌人们不断提起这些事情。

你觉得自己具备这些特征吗？如果你表示肯定，那么说明你开始进行自我反思了，这是一个好迹象，表明你可能已经准备好提升自己的情感成熟度了。

我们所有人都还在成长，大多数人都做过令人尴尬的行为。比如，大多数时候，你都在努力做一个敏感的、同理心强的父母，但当你累了或压力大的时候，你可能对孩子发脾气，或者对他们的错误反应过度。你可能在大多数时候都是一个体贴的伴侣，但当你完美主义的目标受到威胁时，你可能就想对伴侣稍加管理。许多这种令人事后后悔的行为都与我们的童年经历有关，我们并非故意想对我们爱的人做这些事情。然而，不可否认的是，在我们把这种伤害传递下去的过程中，我们的关系受到了伤害。

也就是说，担心自己的情感成熟度恰好说明你的情感不成熟程度不深。大多数情感不成熟者不会自我反思，也不会考虑自己对待他人的方式。情感不成熟者会为自己的过失辩护，但情感成熟者会试图弥补伤害他人的行为。

要提高你的情感成熟度，你可以下定决心改变自己不考虑他人的习惯，开始做出弥补。你可以自我审视、深入理解，以及在开始自我防御之前按下暂停键来抑制情感不成熟的行为。通过不断的练习，当你想要做出从情感不成熟者那里学到的冲动行为时，你就可以控制自己。随着时间的推移，旧有反应会随着你决定改变而消退。有意识地做出更多反应会使你的大脑建立新的神经通路，新的反应会成为你原始冲动的自动反应。

接下来让我们看一看，如何一步步走向情感成熟的生活。

策略

审视自己，看看自己是否曾经做出你最厌弃的情感不成熟行为。如果有的话，那么请庄严地做出再也不那样对待他人的决定，即使你不知道自己还有什么其他选择。举个例子，我的一位来访者为自己设定了一条规则——不打孩子；另一位来访者决定在与妻子意见不合时，再也不转身离开。在改变自己行为模式的过程中，这两位来访者都有过尴尬的经历，因为一开始他们根本不知道该怎么做。尽管如此，立即中止情感不成熟行为能保证你最终找到不同的应对方式。在此期间，你可以告诉对方，你不知道此刻要如何回应，需要一些时间来想一想。

此外，正如前面提到的，你可以想象一下，你的人格由拥有不同成熟度的自我层面组成，这会对你有所帮助（Schwartz，1995，2022）。你的某些自我层面可能表现得惊人的不成熟，需要你通过自我调节从而做出更正常的反应。就像情感不成熟者一样，他们的这些自我层面不知道它们的反应有什么问题。善于观察的成年自我可以指出问题所在，并与它们一起寻找更好的方法。

如果你发现自己也会做出情感不成熟行为，试着追踪它们的来源，明确你想要改变它们的原因。很多时候，我们会盲目地重复从原生家庭中学到的行为，无意中把这些行为抄录到了自己的“为人宝典”中。你的一些反应可能直接来自童年时期情感不成熟父母的所作所为。你也许直到最近才意识到自己在模仿他们。你模仿他们的不良行为，因为你似乎觉得这样很正常。即使你作为一个成年人探索了更大的世界，然而在面对震惊或恐惧时，你也可能再次做出这种旧有行为。

你越是愿意重新审视自己过去的行为，并为此心怀歉意，你就越能成熟起来。在面对情感不成熟的自我层面时，你可能既要有同理心又要坚忍不拔。你的某些自我层面是如何受其影响而习得情感不成熟行为的，你要对这件事怀有同理心，同时坚韧不拔地抵抗反应性情绪的控制。如果你不能像自己希望的那样迅速做出改变，那么不要对自己过分苛刻。慢慢来，稳扎稳打，这样才能坚持得更久。

自我探索

回想一次你做出了情感不成熟的反应的经历。描述你在做出反应之前突然爆发的反应性情绪。你做了什么，你觉得自己本应该做出怎样的反应？

描述一种你现在仍在奉行但想改变的情感不成熟的思维模式或行为。你愿意探索这种行为，并准备做出替代性反应吗？

提示

如果你的行为让某人疏远你，你可以尝试解决这个问题。做好情感上的准备，不要增强自我防御，问一问他是否愿意告诉你，你过去如何伤害了他。听完整件事，一次也不要为自己辩解。这可能很难做到，但如果你做好笔记，带上一位能够引导你前行的朋友，或者把控谈话的时间，这件事就会容易得多。

压抑辩解、解释、反击的冲动可能很难，但如果你能尊重这个人、关心他的想法、想要与其和解，你就能够改善这段关系。你可以稍后询问他是否愿意给你五分钟的时间说一说自己的想法，但前提是你要完全尊重他的观点。你的简短叙述并不是为了说服他，只是为了让你们之间的沟通更加顺畅。你的同情和尊重不仅会修复过去，还会为你们未来的关系构建一个全新的模板。

他们不再主导我的思维了

魔咒被打破，你开始对其他事情感兴趣

只要你深入理解情感不成熟者，你就更容易从情感上摆脱他们。你会把自己的幸福当作珍贵的东西来保护，因为你现在觉得，你的自我和他们的一样重要。你不再对他们的情感胁迫做出内疚、羞耻、恐惧的反应。当这个时刻到来的时候，你的情感纠缠会在一种明显的内在转变中悄然结束。

我的许多来访者都能准确地说出他们不再以旧有方式对情感不成熟者做出反应的那一刻。一些人在回忆起感到内心变化时的感受的时候，好像内心有什么东西突然崩塌了，一道坚固的屏障滑入了正确的轨道。另一些人注意到，他们开始对这个人的抱怨莫名感到冷淡，或意识到自己已经很久没有想到那个情感不成熟者了。

这些都是脱离情感不成熟者的不可逆转的情绪和生理感受。你不再感觉只能暂时拥有自我控制感，它已经归你所有。最好的一件事是，你似乎能够维持这种状态，你不再觉得自己有义务从他们的角度看事情。

你的内心为何发生如此深刻的转变，为什么你感觉这就是终点了？当自我意识的积累逐渐达到临界点时，你的内心就会有一种什么东西在崩塌的感觉。你的自我意识变得尖锐，刺破了情感不成熟者过度膨胀的情绪幻觉、评判、控制。约定被解除，魔咒被打破，债务被免除。所有的担忧、内疚、苦恼现在都让人感到厌烦。

当你从情感上独立于情感不成熟者时，你便结束了自我牺牲，不再为计算他们的需求给你带来的成本而感到难过。自私或不忠的指责不再刺痛你，因为你不再买账。既然现在你是一个独立思考的人，而不是一个处于情感纠缠之中的人，那么你在这段关系中需要考虑自己和自己的需求。

就像蹒跚学步的孩子一样，情感不成熟者发着脾气试图说服你，世界应该围绕他们转，他们的观念才是正确的。然而，一旦你的内心发生转变，他们的脾气（愤怒、受伤、权利感、激发内疚感等）变成了一种需要转移和抛弃而不是需要包容的东西。就像孩子在情绪崩溃之后无法控制你的情绪或自尊一样，情感不成熟者也无法再做到这一点。他们发脾气这件事成了你一天中不愿费心考虑的不愉快部分。你不再特别在乎他们的反应，你最主要的愿望是脱离他们，回到自己的生活中。他们不再在你的内心和思绪中占据主导地位，让你努力理解无意义的事情。

在你经历内心转变之后，他们之前的伎俩就失效了。他们的抱怨听起来像是一个脾气暴躁的人在指指点点，而不是一只被遗弃的、被虐待的小狗需要得到救援。现在你很容易质疑他们的观点，不再以他们的观点来检验现实。最好的一点是，他们的不适不再令你产生紧迫感。你从当下抽离并冷静观察的能力中止了你自我牺牲的模式，以及让他们感到自己很重要、一切都在掌控之中的冲动。

现在让我们回顾一下，你是如何做到情感抽离的，以及接下来会发生什么。

与经常抱怨的情感不成熟者互动令人异常疲惫，如果你试图帮助他们感觉好一点，最后往往会引发一场不愉快的争论。他们似乎在寻求安慰，但拒绝支持和建议，同时暗示你做得不够。与一个总是做好准备受到他人冒犯和不敬的人交往常常令人沮丧。当你意识到，他们就是喜欢抱怨，并不想要你真的拯救他们时，你的转变时刻就会到来。

更合作的和被动的情感不成熟者看起来要求更少，更随和、坚忍。但如果你试图与他们建立更有意义的关系，追求比一起嬉戏玩耍更深刻的东西，他们也会让你感到非常挫败。每一次你想和他们变得亲密时，被动的情感不成熟者都成功脱逃，装作不明白你在做什么。在和被动的情感不成熟者交往的过程中，当你最终接受所见即所得时，你的转变时刻就会到来。我们没有办法与其建立深层联结的原因是，他们生活在“浅水区”。当你完全认识到这一点时，你就不想再努力与其建立联结。

一旦你从与情感不成熟者之间的关系中解脱出来，那些为他们预留的生活空间就得以释放。在重新获得做自己的权利的过程中，你会开始重视自己的感受。你能感觉到自己内心的指引开始发挥作用。注意到什么让你感到痛苦，质疑那些压抑自我的社会规范（比如，不要跟父母顶嘴，总要安静地倾听他人，优先考虑他人），不再盲目地将他们的问题当作自己的问题。

当你开始觉得，生活远比怨恨他们更有趣时，你就知道，自己正在摆脱与情感不成熟者之间的情感纠缠。你越来越想构建自己的生活，承担自由选择的责任，享受自由选择的快乐。你开始更冷静地看待他们，不再觉得有义务优先关注他们、一直忠于他们。爱德华·圣奥宾（Edward St Aubyn）在他的小说《希望》（*Some Hope*）中用优美的文字表达了这种新生的情绪自由。

> 只有当一个人能够从自己的憎恨和发育不良的爱中找到平衡，把父亲看作一个没有很好地驾驭自己人格的人，而不对其抱有同情或心怀恐惧时；只有当一个人能够与自己的矛盾感受共处，既不原谅父亲的罪行，又允许自己被这些不幸所触动时——父亲所经历的不幸以及将罪行传递给下一代的不幸，他才能最终得到释放，进入新的生活，思考怎样过好自己的生活，而不仅仅是活着。他会逐渐变得自得其乐（1994）。

接下来让我们看一看，你如何优先考虑自己，摆脱与情感不成熟者之间的纠葛，允许自己追求更有意义的生活。

策略

一旦你知道情感不成熟者的行为源自他们的不成熟，你就再难对他们产生畏惧之情，不再受他们情绪的影响。把他们的易怒看作他们的一种习惯，他们坚持认为自己一直是对的，不会因为你而改变。现在你会注意到，他们的夸张行为其实并不真实，不再引起你的关注。请站在自己的立场上，作为一个独立的、真实的人来观察这场表演。你在增强自我意识和了解情感不成熟者方面做出了许多努力，因此你的旧有模式和创伤将不再被触发，也不会再纠缠你。

情感不成熟者逐渐脱离你的生活重心，你可以探索更有趣的事情，并分享给更有趣的人。有时候你可能感到不知所措，等待自己的大脑适应充满自由的全新生活。这段适应期不会太久，因为你会发现自己真正喜欢什么。寻找那些能让你精力充沛的人和事，不要为自己设立过高的目标。自发地尝试新鲜事物，或者多做那些你很享受且不会让你产生内疚感的活动。不断提醒自己，自己有权让生命蓬勃发展，而不仅仅是每天考虑生存问题。

自我探索

当你收到情感不成熟者的电话或信息时，你有什么感觉？你会开始提高警惕吗？还是担心接下来会发生什么？你会为自己必须对他们所说的话感兴趣而感到紧张吗？

想象一下，当你收到这个人的来信时，你会有什么感觉？如果他不再激发你的焦虑，那会是什么样子？如果你能够在他面前做自己，情况又该如何？

现在，想象并描述一下，为了摆脱焦虑，你在这段关系中会有怎样的形象。

◌ ◌ 提示 ◌ ◌

你仍然可以关心情感不成熟者，但要降低接触的频率。从关系中脱离并不意味着扔掉与他们之间的所有情感，而是放弃强制性的情感融合，这种融合让你很难在他们面前做真实的自己。一旦你不再感觉自己受他们控制，你就能够诚实地面对自己的感受了。你可能发现，你仍然关心他们，但已经不再认为他们永远拥有最高优先级了。或者你会发现，你根本不喜欢他们，从未对他们产生过真正的爱。这一切都成了你现在可以接受的事实。你的自我不断走向成熟，你的感觉就不再受他人情绪系统的支配。如果你想继续和他们保持联结，你可以这样做，只是他们不再占据你生活的重心。现在你不再那么担心得罪他们，也不再想方设法让他们考虑你的感受，因此更多有趣的事情会等着你。为什么不把你的精力转而放在情感成熟者身上呢？他们的智慧、帮助、兴趣和活力能让你的生活更有趣、更丰富多彩。

后记

综上所述，让我们看一看，情感成熟的父母和他们的成年子女之间的关系如何。以下是一位情感成熟的父亲列夫和他已成年的女儿拉娜的故事，拉娜遇到了一个重大挑战。

拉娜刚刚和她的同居男友分手。男友在搬离家中时带走了他们公寓里的所有家具。拉娜感到非常气愤，因为那些家具都是她买的。她打电话给父亲列夫，恳求他帮她取回家具。列夫认真倾听了女儿的感受，然后说他已经在路上了，到拉娜男友住处时会听从拉娜的一切指挥。但是在他开车到男友住处的这段时间里，能不能请她思考一些事情？

拉娜同意了。列夫问："购买家具的钱是你付的吗？"

"是我付的。"拉娜说。

"那些家具是你挑选的吗？"

"是的。"

"你有能力再一次挑家具、买家具吗？"

"有的。"她说。

“看来你内心拥有重新开始的力量。现在你要思考的唯一问题是，你想要正确，还是想要快乐？”

当父亲到达目的地时，拉娜已经做出了选择。她决定不再和前男友纠缠，而是选择放下一切，重新开始。她的前男友没有抢走她的聪明才智、赚钱能力和装潢品味。

后来当拉娜和列夫讨论这件事时，列夫解释说，在应对糟糕的情况时，前 10% 的重心应该放在自己的感受上，从有同理心的人那里寻求情感支持。剩下的 90% 应该包括，评估自己的所有资源并弄清楚如何解决问题。拉娜和她情感成熟的父亲一起完成了这一切。

拉娜对是否取回家具的最终决定似乎是这个故事的重点，但其实向父亲求助才是最关键的第一步，也是问题解决的最首要的 10%。剩下的 90% 只有在当你向一个对你抱有同理心的人倾诉时，才能真正解决问题。在你采取任何行动之前，你需要感受到这种联结和关怀。向一个完全支持你的有同理心的人寻求帮助，可以稳定你的情绪，增强你的力量。一旦你感到自己被倾听、被看见，你就能够思考清楚下一步该怎么做。

希望本书已经为你提供你所需要的全部：对你所经历的事情怀有同理心，以及为你的成长提供新的解决方案和方向。本书在提醒你，你总能找到答案，只要翻开一页读一读，就能有所启发。

未来当你在与情感不成熟者交往过程中陷入困境时，我期盼你能积极地回答以下问题：

你觉得自己和他们一样重要吗？

你有权照顾好自己吗？

你有权感到快乐吗？

你有能力得到你需要的东西吗，即使不从他们那里得到？

让他们留着旧东西吧。你不需要拿回你所失去的东西。现在，你的内心已经拥有了你所需要的一切，甚至更多。

致谢

我要感谢很多人，首先我要谢谢我的丈夫斯基普。他对我的同理心和支持使我能够追求许多兴趣，他的爱、幽默和善良让我感到安心。他坚定的理性思维，加之深厚的人文情怀，使他成为我和许多朋友珍视的人生顾问。斯基普，我对你给予我的一切感激不尽，你的存在本身就是天大的礼物。

我的儿子卡特，我想谢谢你在生活中为我树立了一个极好的榜样，你总是走在追求更丰富的生活的路上。卡特，你总是充满热情地探索下一件有趣的事，你也是我所认识的最有能力、见多识广的人之一。谢谢你所有的爱和支持。我也要感谢你的爱人尼克，他今年加入了我们的家庭，给我们的生活带来了如此多的快乐，让我们感受到了他深刻的思想、惊人的幽默感和令人温暖的体贴。(尼克，谢谢你所说的那些金句。)

感谢我的好朋友埃丝特·弗里曼（Esther Freeman)，你给我带来了快乐、支持和智慧。感谢我亲爱的妹妹玛丽·卡特·巴布科克（Mary Carter Babcock)，从童年时期起，你就对我的创作充满支持。我也要特别感谢金·福布斯（Kim Forbes），你的创造力和敏锐的洞察力给我提供了很大的帮助，使我能够清晰地表达自己的观点。感谢林恩·佐尔（Lynn Zoll），你一直鼓励我、为我加油，还有芭芭拉·福布斯（Barbara Forbes）和丹尼·福布斯（Danny Forbes），你们给予我的友谊和坚定的支持让我的作家生涯值得庆祝。一如既往地，我非常感谢老朋友朱迪·施耐德（Judy Snider）和阿琳·英格拉姆（Arlene Ingram），愿友谊长存！

特别感谢杰西卡·德尔·波佐（Jessica del Pozo）提供的情感不成熟与情感成熟的对比（附录B）。我也深深感谢所有邀请我聊一聊我的书的播客主理人，感谢在采尔马特小镇的聚会上向我讲述人生故事的贝亚。

我要对New Harbinger出版社的发行和策划编辑泰西莉亚·哈瑙尔（Tesilya Hanauer）表示最深切的感谢，我们一起对书中的理念进行推广和倡导，从而让本书找到它最好的读者，开启它的命运。泰西莉亚和策划编辑麦迪逊·戴维斯（Madison Davis）反复阅读了本书，令本书内容对读者来说更加清晰、适用。你们付出了艰辛的努力，我非常感谢你们。同时，我要感谢詹姆斯·兰斯伯里（James Lainsbury）细致的编辑工作。多亏了詹姆斯清晰的思路、勤奋的工作和耐心，使本书读起来更流畅。感谢卡西·施托塞尔（Cassie Stossel）和营销团队，特别感谢多萝西·斯麦科（Dorothy Smyk）和海外版权团队，你们在世界各地为本书提供了支持。

特别感谢列夫·萨波日尼科夫（Lev Sapozhnikov）和拉娜·萨波日尼科夫（Lana Sapozhnikov）允许我用他们的故事来

说明，对成年子女来说情感成熟的养育方式是怎样的。

我还想感谢本书的所有传播者，尤其是作为情感不成熟父母的成年子女的这部分读者。许多读者特意打来电话、写信告诉我本书对他们的帮助有多大。听到我的作品影响了他们的生活，我受到了很大的鼓舞！特别感谢美国国际科技教育服务机构（PESI）的瑞恩·巴塞洛缪（Ryan Bartholomew）和美国普瑞克西斯考试体系（The Praxis Series）的斯宾塞·史密斯（Spencer Smith），他们对我的作品很感兴趣，令许多心理治疗师学习了相关的视频课程，来帮助情感不成熟父母的成年子女。

最后，感谢我的来访者与我分享他们的经历，他们在与情感不成熟者的纠缠中感到困惑和沮丧。是他们的真诚讲述造就了本书。感谢你们信任我，相信我能够理解并支持你们不断成长，这是我最大的荣幸。

附录

附录 A　情感不成熟者的人格特征

人格结构

- 极度以自我为中心，全神贯注于自我
- 僵化、简单化，内在复杂度低
- 自我发展欠佳，自我层面相互脱节、整合不良
- 情绪非此即彼；认为一切非黑即白，非好即坏
- 信念和行动不一致且相互矛盾（人格整合能力不足）
- 很少反思自我，不会思考自身问题，很少自我怀疑

对待现实的态度

- 否认、歪曲、无视令他们不快的现实；过度简化事物，来合理化自己的行为
- “情感现实主义”（Barrett and Bar，2009），“我的感觉代表现实”
- 自我参照；一切都与他们有关，都会影响他们
- 关注生理和物质，忽视情绪和心理
- 迷失在各种细节中，忽视大局和深层意义

情绪特征

- 情绪强烈但浅薄

- 容易感到愤怒和不耐烦
- 抗压能力较弱，容易冲动
- 感受多于思考，喜欢做自我感觉良好并能缓解压力的事情
- 感受复杂性低，情绪上的变化和调节很少

防御和应对方式

- 抗压能力较弱，常常不耐烦，思维狭隘，一根筋
- 对不熟悉的事物抱有强烈的防御和批判
- 自我观察力较弱，不能客观地看待自己的想法或行为
- 思维较具体且表层，在理智化方面客观且抽象；注重局部而忽视整体
- 自我的发展缺乏连续性，责任感弱，常讲“过去是过去，现在是现在”
- 应对机制并不成熟（G. Vaillant，2000）

人际关系

- 同理心弱，不敏感，经常引起他人的愤怒和沮丧
- 难以设身处地为他人着想，无法想象他人的内心世界或想法
- 不懂察言观色，忽视他人的感受和反应
- 喜欢将他人视为部分、角色、符号化对象，无法理解他人作为个体的心理现实和完整性
- 主观而非客观，拒绝接受其他观点，对差异感到不适
- 情感胁迫他人（诱导他人产生羞耻感、内疚感、恐惧感、自我怀疑感），情绪接管
- 不付出情绪劳动，不修复人际关系
- 与其说是情感亲密，不如说是过度依赖或肤浅
- 扫兴者：虐待、刻薄、轻蔑、嫉妒、嘲笑、讽刺、愤世嫉俗

- 不喜欢与人直接沟通，而是依赖于情绪感染；投射性认同
- 对深层情感和情感亲密感到极度不适
- 给予能力和接受能力都较弱
- 喜欢被他人模仿、赞美、仰慕、特别对待、视为权威
- 角色反转，他们的孩子担忧并照顾他们
- 角色神性：角色僵化，角色特权，角色强制
- 偏心，不断寻找能够依赖和心理融合的人

附录 B　情感不成熟与情感成熟的对比

情感不成熟	情感成熟
对生活的思考过于简单、直接、僵化。不喜欢不断变化的现实所带来的不确定性	欣赏生活的细微差别和事物的不断变化
试图通过引发内疚、愤怒、羞愧的感觉来控制他人	知道自己不能控制他人，也不想控制他人
认为他人无能	把缺点看作人性的一部分
表现个人魅力	传递温暖和真诚
用二分法定义自我和他人：服从或支配	平等看待所有人，不顾虑社会等级制度
信息过滤能力差；想到什么就说什么，不考虑他人的感受。声称这是“实话”	以尊重彼此的方式分享自己的经历和感受
倾听能力差，无法与意见不同的人产生共鸣	深度倾听，有意义地专注，能够与自我和他人产生共鸣
抵制并否认现实，尤其当现实不是他们想象的样子时	即使对新鲜事物感到不适，也能接受并整合它们
“情感现实主义”——现实就是自己当下的感受	事实不会因为自己有强烈的感受而发生改变
无法从错误中吸取教训，认为自己的行为并没有伤害他人	能够自我纠正和成长，承认错误并吸取教训
内心充满恐惧和不安全感	自我意识强，能够调节自己的情绪，有安全感
难以应对复杂性，坚守熟悉的事物	在面对新鲜事物时，愿意改变旧有思维

（续）

情感不成熟	情感成熟
不信任、不渴望学习或理解复杂的概念	即使与自己的信念相悖，仍然享受学习的过程
死守旧规则，但在对自己有利时改变规则	优先考虑他人，而不是规则，有风度，能够识别不同的意识形态和逻辑
为自己的不屈和武断而自豪，把自己的思维僵化看作道德上的坚定	思维模式灵活，能够根据新信息更新观念
使用浅层逻辑来压抑他人的感受。“你不应该那样想，因为……”	明白每个人都有自己的感受
觉得他人要是计划得再周密一些，就可以避免所有的错误。他人总应该为自己犯的错而感到难过	认为人难免会犯错。能够承认自己的错误，并为治愈和成长付出真诚的努力
将他人的边界视为需要征服的东西	认为他人的边界是健康的、值得尊重的
嘲笑或忽视个人成长。因有人暗示自己并不完美而感觉受到威胁	享受个人成长的旅程。知道自己虽不完美，但很可爱

附录C　情感不成熟者的隐性关系契约

为了与情感不成熟者保持良好的关系，我同意以下观点。

1. 你的需求优先于所有其他人的需求。

2. 当你在场时，我不会表达自己的观点。

3. 你想说什么就说什么，我不会反对。

4. 如果我和你的观点不同，那说明我很无知。

5. 有人拒绝你，你当然应该生气。

6. 请告诉我应该喜欢什么、不喜欢什么。

7. 由你来决定我们待在一起多长时间，这很合理。

8. 你总是正确的。在你面前，我应该否定自己的想法，以示对你的“尊重”。

9. 如果你不愿意的话，你当然不应该自我控制。

10. 如果你不经思考地脱口而出一些话，那也没关系。

11. 确实如此：你永远不该等待或处理任何不愉快的事情。

12. 当你周围的环境发生变化时，你不需要做出调整。

13. 如果你忽视我、对我发火、不欢迎我，那也没关系。我还是想和你待在一起。

14. 你当然有权对人无礼。

15. 你不需要听从任何人的指导。

16. 请尽情谈论你喜欢的话题；我做好准备只听你说，而从不问任何关于我的事。

附录 D　情感不成熟父母的成年子女的权利宣言

1. 设定边界的权利

我有权设定边界，以阻止你伤害我或利用我。

我有权中断任何让我感到有压力或受胁迫的互动。

我有权停止任何会让我感到筋疲力尽的事情。

我有权叫停任何我不喜欢的互动。

我有权提出拒绝，无须明确的理由。

2. 不受情感胁迫的权利

我有权拒绝成为你的拯救者。

我有权请你向他人寻求帮助。

我有权不解决你的问题。

我有权让你自行应对自尊问题，无须我的介入。

我有权让你自行处理你的困扰。

我有权不感到内疚。

3. 情绪自主与精神自由的权利

我有权拥有我所有的情绪。

我有权思考我想思考的事情。

我有权不因我的价值观、想法、兴趣而遭受嘲笑或讥讽。

我有权为自己的遭遇感到困扰。

我有权不喜欢你的行为或态度。

4. 建立关系的权利

我有权知道我是否爱你。

我有权拒绝你想给予我的东西。

我有权拒绝为了让你满意而背叛自己。

我有权切断我们的联结，即使我们是亲人。

我有权不被依赖。

我有权远离任何让我不悦、内耗的人。

5. 清晰沟通的权利

我有权说任何话，只要我以非暴力、无害的方式来表达。

我有权要求被倾听。

我有权告诉你，我的情感受到了伤害。

我有权表达自己真正的喜好。

我有权了解你对我有什么要求，不必默认我应该知道。

6. 选择对我最有利事情的权利

我有权在我觉得时机不佳时拒绝做任何事。

我有权在必要时离开。

我有权拒绝我不喜欢的活动或聚会。

我有权自己做决定，无须自我怀疑。

7. 以自己的方式生活的权利

我有权采取行动，即使你不赞成。

我有权将我的精力和时间放在我认为重要的事情上。

我有权相信自己的内在体验，认真对待自己的追求。

我有权慢慢来，不受催促。

8. 得到平等对待和尊重的权利

我有权被视为和你一样重要。

我有权过自己的生活，不受任何人的嘲笑。

我有权作为一个独立的成年人得到尊重。

我有权拒绝感到羞耻。

9. 将我的健康和幸福放在首位的权利

我有权好好生活，而不仅仅是活着。

我有权花时间做自己喜欢的事情。

我有权决定向他人投入多少精力和注意力。

我有权花时间把事情考虑清楚。

我有权不管他人的想法，照顾好自己。

我有权给自己一些时间和空间，滋养我的内心世界。

10. 爱自己和保护自己的权利

我有权在犯错时自我同情。

我有权在自我概念不再适用时做出改变。

我有权爱自己、善待自己。

我有权避免自我批评，爱上我的人格。

我有权做我自己。

参考文献

Ainsworth, M. 1982. "Attachment: Retrospect and Prospect." In *The Place of Attachment in Human Behavior*, edited by Colin Parkes and Joan Stevenson-Hinde. New York: Basic Books.

Ainsworth, M., S. Bell, and D. Stayton. 1974. "Infant-Mother Attachment and Social Development: 'Socialization' as a Product of Reciprocal Responsiveness to Signals." In *The Integration of a Child into a Social World*, edited by Martin Richards. New York: Cambridge University Press.

Ames, L. B., and F. L. Ilg. 1982. *Your One-Year-Old*. New York: Dell Publishing.

Anderson, C. 1995. *The Stages of Life*. New York: Atlantic Monthly Press.

Aron, E. 1996. *The Highly Sensitive Person*. New York: Broadway Books.

Bandura, A. 1971. "Introduction." In *Psychological Modeling: Conflicting Theories*, edited by Albert Bandura. New York: Routledge.

Barrett, L. F., and M. Bar. 2009. "See It with Feeling: Affective Predictions During Object Perception." *Philosophical Transactions of the Royal Society B: Biological Sciences* 363: 1325–34.

Beatty, M. 1986. *Co-dependent No More*. Center City, MN: Hazelden.

Boss, P. 1999. *Ambiguous Loss*. Cambridge, MA: Harvard University Press.

Boss, P. 2021. *The Myth of Closure*. New York: W. W. Norton.

Boszormenyi-Nagy, I. 1984. *Invisible Loyalties*. New York: Brunner/Mazel.

Bowen, M. 1978. *Family Therapy in Clinical Practice*. New York: Rowman and Littlefield.

Bowlby, J. 1969. *Attachment*. New York: Basic Books.

Byng-Hall, J. 1985. "The Family Script: A Useful Bridge Between Theory and Practice." *Journal of Family Therapy* 7: 301–5.

Campbell, R. 1977. *How to Really Love Your Child*. Colorado Springs, CO: David C. Cook.

Campbell, R. 1981. *How to Really Love Your Teenager*. Colorado Springs, CO: David C. Cook.

Clance, P. R. 1985. *The Imposter Phenomenon*. Atlanta, GA: Peachtree Publishers.

Corrigan, E. G., and P. Gordon. 1995. *The Mind Object*. Northvale, NJ: Jason Aronson.

Del Pozo, J. 2021. "Epidemic Emotional Immaturity: The Deadly Cost of Not Growing Up." Being Awake Better (blog), *Psychology Today*. March 29. https://www.psychologytoday.com/us/blog/being-awake-better/202103/epidemic-emotional-immaturity.

Ecker, B., and L. Hulley. 1996. *Depth-Oriented Brief Psychotherapy*. San Francisco: Jossey-Bass.

Ecker, B., and L. Hulley. 2005–2019. *Coherence Therapy: Practice Manual and Training Guide*. Oakland, CA: Coherence Psychology Institute.

Epstein, M. 2022. *The Zen of Therapy*. New York: Penguin Press.

Erikson, E. 1950. *Childhood and Society*. New York: W. W. Norton.

Faber, A., and E. Mazlish. 2012. *How to Talk So Kids Will Listen and Listen So Kids Will Talk*. New York: Scribner Classics.

Festinger, L. 1957. *A Theory of Cognitive Dissonance*. Stanford, CA: Stanford University Press.

Fonagy, P., and M. Target. 2008. "Attachment, Trauma, and Psychoanalysis: Where Psychoanalysis Meets Neuroscience." In *Mind to Mind: Infant Research, Neuroscience, and Psychoanalysis*, edited by Elliot Jurist, Arietta Slade, and Sharone Bergner. New York: Other Press.

Fosha, D. 2000. *The Transforming Power of Affect*. New York: Basic Books.

Fosha, D. 2004. "Nothing That Feels Bad Is Ever the Last Step." In special issue on "Emotion in Psychotherapy," edited by L. Greenberg, *Clinical Psychology and Psychotherapy* 11: 30–43.

Fraad, H. 2008. "Toiling in the Field of Emotion." *Journal of Psychohistory* 35: 270–86.

Freud, A. 1936. *The Ego and the Mechanisms of Defence*. New York: Routledge.

Freud, S. 1894. *The Neuro-Psychoses of Defence*. Redditch, UK: Read Books Ltd.

Gendlin, E. T. 1978. *Focusing*. New York: Bantam Dell.

Gibson, L. C. 2015. *Adult Children of Emotionally Immature Parents*. Oakland, CA: New Harbinger Publications.

Gibson, L. C. 2019. *Recovering from Emotionally Immature Parents*. Oakland, CA: New Harbinger Publications.

Gibson, L. C. 2020. *Who You Were Meant to Be: A Guide to Finding or Recovering Your Life's Purpose*, 2nd ed. Virginia Beach, VA: Blue Bird Press.

Gibson, L. C. 2021. *Self-Care for Adult Children of Emotionally Immature Parents*. Oakland, CA: New Harbinger Publications.

Gottman, J., and J. DeClaire. 2001. *The Relationship Cure*. New York: Harmony Books.

Gottman, J., and N. Silver. 1999. *The Seven Principles for Making Marriage Work*. New York: Harmony Books.

Green, R. 1998. *The Explosive Child*. New York: HarperCollins.

Hatfield, E. R., R. L. Rapson, and Y. L. Le. 2009. "Emotional Contagion and Empathy." In *The Social Neuroscience of Empathy*, edited by Jean Decety and William Ickes. Boston: MIT Press.

Helgoe, L. 2019. *Fragile Bully*. New York: Diversion Books.

Johnson, S. 2019. *Attachment Theory in Practice*. New York: Guilford Press.

Jung, C. G. 1997. *Jung on Active Imagination*. Edited by J. Chodorow. Princeton, NJ: Princeton University Press.

Karpman, S. 1968. "Fairy Tales and Script Drama Analysis." *Transactional Analysis Bulletin* 26: 39–43.

Kernberg, O. 1975. *Borderline Conditions and Pathological Narcissism*. Lanham, MD: Rowman and Littlefield Publishing.

Kohut, H. 1971. *The Analysis of the Self*. Chicago: University of Chicago Press.

Kurcinka, M. S. 2015. *Your Spirited Child*. 2nd ed. New York: William Morrow.

Mahler, M., F. Pine, and A. Bergman. 1975. *The Psychological Birth of the Human Infant*. New York: Basic Books.

Maier, S. F., and M. E. P. Seligman. 2016. "Learned Helplessness at Fifty: Insights from Neuroscience." *Psychological Review* 123: 349–67.

Marlow-MaCoy, A. 2020. *The Gaslighting Recovery Workbook*. Emeryville, CA: Rockridge Press.

Maslow, A. 2014. *Toward a Psychology of Being*. Floyd, VA: Sublime Books.

McCullough, L., N. Kuhn, S. Andrews, A. Kaplan, J. Wolf, and C. Hurley. 2003. *Treating Affect Phobia*. New York: Guilford Press.

Minuchin, S., B. Montalvo, B. G. Guerney, B. L. Rosman, and F. Schumer. 1967. *Families of the Slums*. New York: Basic Books.

Mirza, D. 2017. *The Covert Passive-Aggressive Narcissist*. Ashland, OR: Debra Mirza and Safe Place Publishing.

Newberg, A., and M. R. Waldman. 2009. *How God Changes Your Brain*. New York: Ballantine Books.

Ogden, T. 1982. *Projective Identification and Psychoanalytic Technique*. Northvale, NJ: Jason Aronson.

Pillemer, K. 2020. *Fault Lines*. New York: Avery/Penguin Random House.

Porges, S. 2011. *The Polyvagal Theory: Neurophysiological Foundations of Emotions, Attachment, Communication, Self-Regulation*. New York: W. W. Norton.

Porges, S. 2017. *The Pocket Guide to the Polyvagal Theory*. New York: W.W. Norton.

Sapolsky, R. M. 2007. "Stress." *Radiolab* interview. https://radiolab.org/episodes/91580-stress.

Sapolsky, R. M. 2012. "How to Relieve Stress." *Greater Good Magazine*, March 22. https://greatergood.berkeley.edu/article/item/how_to_relieve_stress.

Schwartz, R. 1995. *Internal Family Systems*. New York: Guildford Press.

Schwartz, R. 2022. *No Bad Parts*. Louisville, CO: Sounds True Publications.

Seligman, M. E. 1972. "Learned Helplessness." *Annual Review of Medicine* 23: 407–12.

Shaw, D. 2014. *Traumatic Narcissism*. New York: Routledge.

St. Aubyn, E. 1994. *Some Hope*. London: Picador.

Steiner, C. 1974. *Scripts People Live*. New York: Grove Press.

Taylor, K. 2004. *Brainwashing*. Oxford, UK: Oxford University Press.

United States Institute of Peace. 1995. "Truth Commission: South Africa." December 1. https://www.usip.org/publications/1995/12/truth-commission-south-africa.

Vaillant, G. 1977. *Adaptation to Life*. Cambridge, MA: Harvard University Press.

Vaillant, G. 2000. "Adaptive Mental Mechanism: Their Role in a Positive Psychology." *American Psychologist* 55: 89–98.

Vaillant, G. 2009. *Spiritual Evolution*. New York: Harmony Books.

Vaillant, L. M. 1997. *Changing Character*. New York: Basic Books.

van der Kolk, B. 2014. *The Body Keeps the Score*. New York: Viking.

Whitfield, C. L. 1987. *Healing the Child Within*. Deerfield Beach, FL: Health Communications, Inc.

Winnicott, D. W. 1958. "Mind and Its Relation to the Psyche-Soma." In *Collected Papers: Through Paediatrics to Psychoanalysis*. London: Tavistock.

Winnicott, D. W. 1988. *Human Nature*. New York: Schocken.

Winnicott, D. W. 1989. *Psycho-Analytic Explorations*. Edited by Clare Winnicott, Ray Shepherd, and Madeleine Davis. New York: Karnac Books.

Winnicott, D. W. 2002. *Winnicott on the Child*. New York: Perseus Books Group.

Wolynn, M. 2016. *It Didn't Start with You*. New York: Penguin Random House.

原生家庭

《母爱的羁绊》

作者：[美] 卡瑞尔·麦克布莱德 译者：于玲娜

爱来自父母，令人悲哀的是，伤害也往往来自父母，而这爱与伤害，总会被孩子继承下来。
作者找到一个独特的角度来考察母女关系中复杂的心理状态，读来平实、温暖却又发人深省，书中列举了大量女儿们的心声，令人心生同情。在帮助读者重塑健康人生的同时，还会起到激励作用。

《不被父母控制的人生：如何建立边界感，重获情感独立》

作者：[美] 琳赛·吉布森 译者：姜帆

已经成年的你，却有这样“情感不成熟的父母”吗？他们情绪极其不稳定，控制孩子的生活，逃避自己的责任，拒绝和疏远孩子……
本书帮助你突破父母的情感包围圈，建立边界感，重获情感独立。豆瓣8.8分高评经典作品《不成熟的父母》作者琳赛重磅新作。

《被忽视的孩子：如何克服童年的情感忽视》

作者：[美] 乔尼丝·韦布 克里斯蒂娜·穆塞洛 译者：王诗溢 李沁芸

“从小吃穿不愁、衣食无忧，我怎么就被父母给忽视了？”美国亚马逊畅销书，深度解读“童年情感忽视”的开创性作品，陪你走出情感真空，与世界重建联结。
本书运用大量案例、练习和技巧，帮助你在自己的生活中看到童年的缺失和伤痕，了解情绪的价值，陪伴你进行自我重建。

《超越原生家庭（原书第4版）》

作者：[美] 罗纳德·理查森 译者：牛振宇

所以，一切都是童年的错吗？全面深入解析原生家庭的心理学经典，全美热销几十万册，已更新至第4版！
本书的目的是揭示原生家庭内部运作机制，帮助你学会应对原生家庭影响的全新方法，摆脱过去原生家庭遗留的问题，从而让你在新家庭中过得更加幸福快乐，让你的下一代更加健康地生活和成长。

《不成熟的父母》

作者：[美] 琳赛·吉布森 译者：魏宁 况辉

有些父母是生理上的父母，心理上的孩子。不成熟父母问题专家琳赛·吉布森博士提供了丰富的真实案例和实用方法，帮助童年受伤的成年人认清自己生活痛苦的源头，发现自己真实的想法和感受，重建自己的性格、关系和生活；也帮助为人父母者审视自己的教养方法，学做更加成熟的家长，给孩子健康快乐的成长环境。

更多>>>

《拥抱你的内在小孩（珍藏版）》 作者：[美] 罗西·马奇-史密斯
《性格的陷阱：如何修补童年形成的性格缺陷》 作者：[美] 杰弗里·E. 杨 珍妮特·S. 克罗斯科
《为什么家庭会生病》 作者：陈发展